ENCYCLOPÉDIE-ROLET.

VINS DE FRUITS, ETC.

AVIS.

Le mérite des ouvrages de l'*Encyclopédie-Roret* leur a valu les honneurs de la traduction, de l'imitation et de la *contrefaçon*. Pour distinguer ce volume, il portera, à l'avenir, la *véritable signature* de l'Éditeur.

MANUELS-RORET.

NOUVEAU MANUEL COMPLET

DE LA FABRICATION

DES VINS DE FRUITS

DU CIDRE, DU POIRÉ, DES BOISSONS RAFRAICHISSANTES, DES BIÈRES ÉCONOMIQUES ET DE MÉNAGE, DES VINS DE GRAINS, DES HYDROMELS, DE BOISSONS DIVERSES, ET D'IMITER LES VINS DE LIQUEUR FRANÇAIS ET ÉTRANGERS.

Précédé de détails historiques et pratiques sur l'Art de faire le vin et de diriger une cave, et suivi d'un vocabulaire des termes techniques employés dans l'ouvrage.

TRADUIT DE L'ANGLAIS DE ACCUM, PAR MM. C** ET OL.**.

REFONDU ET CONSIDÉRABLEMENT AUGMENTÉ,

PAR M. F. MALEPEYRE.

OUVRAGE ORNÉ DE FIGURES.

PARIS,
LIBRAIRIE ENCYCLOPÉDIQUE DE RORET,
RUE HAUTEFEUILLE, N° 12.
1851.

PRÉFACE.

La première édition de cet ouvrage se composait de la traduction pure et simple de l'ouvrage que Accum avait publié en anglais, sur l'art de faire les vins de fruits. Cet art, en effet, très développé en Angleterre, où le besoin des boissons artificielles se fait sentir plus vivement que chez nous, y a été porté plus loin qu'on ne pense communément en France, et était utile à faire connaître dans ses détails. Toutes les formules données par Accum pour la fabrication de ces vins de fruits sont en effet satisfaisantes, et nous avons dû les conserver comme consacrées par une longue pratique. Mais en même temps nous avons pensé que ce Manuel serait d'une utilité bien plus générale si nous réunissions à la suite de ces formules une foule de recettes éparses dans de nombreux ouvrages, ou adoptées dans beaucoup de pays pour fabriquer des boissons de ménage, et économiques.

C'est dans ce but que nous avons réuni dans des livres ou des chapitres distincts, les procédés pour la fabrication des vins de fruits dits de liqueur ; celle des boissons rafraîchissantes qu'on peut fabriquer avec les fruits ou eaux de fruits, etc.

Nous avons cru devoir consacrer un livre particulier, à la fabrication des bières économiques et des vins de grains qu'on peut pratiquer partout, et qui offrent une grande ressource dans les pays privés de vins de raisin.

Enfin, nous avons pensé aussi qu'on trouverait avec plaisir, dans ce Manuel, un assez grand nombre de formules que nous donnons seulement comme des exemples de la préparation de boissons agréables et salubres qu'on peut faire à peu de frais, et qui n'exigent que les ustensiles les plus simples.

Nous n'avons pas pu passer sous silence dans notre Manuel, la fabrication des vins de liqueur d'imitation, mais nous l'avons fait avec réserve, en protestant de nos intentions, et en nous bornant à quelques-unes des formules les plus connues.

Une amélioration apportée, à ce que nous croyons, à notre nouvelle édition, c'est le livre que nous avons consacré à la connaissance de toutes les matières qui peuvent entrer dans la composition et la fabrication des vins de fruits et des boissons économiques. Nous avons en effet réuni dans ce livre une foule de notions utiles à connaître dans l'art qui nous occupe, et qui n'auraient pas pu trouver place dans les autres chapitres, sans des répétitions multipliées, ou sans interrompre peu avantageusement la série régulière des formules.

Le vocabulaire de quelques mots techniques qu'on rencontre dans le cours de l'ouvrage, et qu'on trouvait déjà dans le volume d'Accum, a beaucoup été étendu par nous. Il est à croire qu'il remplit mieux avec cette extension, le but que s'était proposé l'auteur primitif.

Nous avons apporté un soin assez scrupuleux à la vérification des formules; nous ne disons pas pour cela que nous les avons toutes vérifiées pratiquement, mais nous les croyons exactes. Nous accueillerons d'ailleurs avec empressement toutes les rectifications qu'on voudrait bien nous adresser, ainsi que les formules nouvelles qu'on pourrait nous proposer, bien convaincus que nous sommes, que des Manuels comme celui-ci sont d'un intérêt trop général et trop réel pour ne pas avoir plusieurs éditions successives.

Notre tâche, dans cette publication, a été bien simple, mais nous nous sommes efforcé de la remplir avec scrupule, parce que nous savions que nous serions utiles.

ART
DE FAIRE LES VINS DE FRUITS.

LIVRE PREMIER.

CHAPITRE PREMIER.

Esquisse historique de l'art de faire le vin.

Il est impossible de préciser l'époque de la découverte du vin ; elle se perd dans la nuit des temps, et l'origine du vin a ses fables comme les autres choses qui sont devenues des objets d'une utilité générale. Presque tous les pays qui produisent du vin se sont vantés d'avoir quelque divinité particulière à laquelle ils en ont attribué la découverte.

Athénée rapporte qu'Oreste, fils de Deucalion, vint régner sur l'Etna, où il planta la vigne. Les historiens s'accordent à regarder Noé comme le premier qui fit du vin en Illyrie, Saturne en Crète, Bacchus dans les Indes, et Osiris en Égypte. Un poète, qui attribue à chaque chose une origine divine, pense qu'après le déluge, Dieu accorda le vin à l'homme pour le consoler de sa misère. L'étymologie elle-même du mot vin a donné lieu à diverses opinions parmi les auteurs. Mais, parmi toutes ces fables par lesquelles les poètes, qui sont toujours de mauvais historiens, ont obscurci l'origine du vin, on peut recueillir quelques vérités précieuses parmi lesquelles nous pouvons mettre les suivantes.

Les Égyptiens enseignèrent d'abord la culture de la vigne aux Asiatiques, qui l'enseignèrent aux Grecs, et ceux-ci aux Romains.

Les auteurs les plus anciens attestent, non-seulement qu'ils connaissaient l'art de faire le vin, mais encore qu'ils avaient des idées fort exactes sur ses diverses qualités et sur les différents moyens de le préparer. Le nectar et l'ambroisie faisaient, à ce qu'on rapporte, les délices des divinités païennes.

Les plus anciens auteurs où nous trouvons quelques faits exacts sur la fabrication des vins, ne nous permettent pas de douter que les Grecs n'aient fait de grands progrès dans l'art de les préparer et de les conserver. Ils distinguaient deux espèces de vin : l'un, fait avec le jus qui découle spontanément des raisins avant qu'ils soient écrasés, et l'autre, de celui que l'on exprime en les écrasant.

Homère donnait au vin le nom de boisson divine. En son temps, plusieurs espèces de vins étaient bien connues ; et, d'après les louanges qu'il leur donne, il paraît, comme l'observe Horace, qu'il avait souvent éprouvé la gaîté qu'ils procurent. C'est le vin qui animait ses guerriers aux conseils comme sur le champ de bataille. Nestor était non moins remarquable par la manière dont il buvait le vin que par ses longues années.

Platon, qui restreint strictement l'usage du vin et qui en censure sévèrement l'excès, dit que jamais Dieu n'accorda rien de plus précieux au genre humain. Platon, Eschyle et Salomon lui attribuent la propriété d'augmenter l'intelligence. Mais aucun écrivain n'a mieux décrit les propriétés du vin que le célèbre Gallien, qui assigne à chaque espèce ses différents usages et décrit les qualités qu'elles acquièrent par l'âge, la culture et le climat.

Les Grecs avaient coutume, pour prévenir l'ivresse, de se frotter les tempes et le front avec des onguents précieux et des toniques. On connaît l'anecdote de ce fameux législateur qui, pour réprimer l'intempérance du peuple, l'autorisa par une loi expresse ; et nous lisons que Lycurgue fit exposer en public des esclaves ivres, pour inspirer à la jeunesse de Lacédémone l'horreur de l'ivrognerie. A Carthage une loi défendait l'usage du vin pendant la guerre. Platon l'interdisait à la jeunesse jusqu'à l'âge de vingt-deux ans. Aristote faisait la même défense aux enfants et aux nourrices ; et Saumaise nous apprend que les lois de Rome n'accordaient aux prêtres et à ceux qui étaient employés dans les sacrifices, que trois petits verres de vin à leur repas.

En lisant attentivement ce qu'Aristote et Gallien nous ont transmis sur la préparation des vins les plus célèbres de leur temps, il n'y a pas de doute que les anciens n'aient employé la chaleur artificielle pour concentrer certaines espèces de vin, dans le but de les conserver longtemps.

Aristote dit positivement que les vins d'Arcadie devenaient tellement concentrés dans les outres où on les conservait, qu'on était obligé de les délayer dans l'eau pour les rendre potables.

Pline parle de vins gardés cent ans qui étaient devenus aussi épais que du miel, et qu'on ne pouvait boire qu'après les avoir délayés dans l'eau chaude et passés dans un drap.

Gallien parle de quelques vins de l'Asie qui, mis dans de grandes bouteilles, près du feu, acquéraient par l'évaporation, la solidité du sel.

Il est certain qu'il y avait des vins de cette nature que les anciens conservaient dans les parties supérieures de leurs maisons, et exposées au midi; ces endroits portaient le nom de *apotheca vinaria*.

Mais tous ces faits ne se rapportent qu'à des vins doux, épais et peu fermentés, ou plutôt à des sucs non altérés, mais seulement concentrés. C'était des extraits plutôt que des liqueurs. Pour chaque espèce de vin, il y avait un temps connu et déterminé avant lequel on ne pouvait le boire. Dioscorides fixe ce temps, terme moyen, à sept ans. Selon Gallien et Athénée, on ne buvait jamais le meilleur vin de Falerne avant dix ans ni après vingt. Les vins d'Alban devaient avoir vingt ans, celui de Surentine, vingt-cinq, etc. Macrobe raconte que Cicéron étant à souper avec Damisippus, on lui servit du vin de Falerne de quarante ans, que Cicéron louait, en disant qu'il portait bien son âge : (*bene, inquit, œtatem fert*). Pline parle d'un vin servi sur la table de Caligula, qui avait plus de cent soixante ans, et Horace célèbre un vin de cent feuilles.

Lorsqu'on considère ce que les historiens nous ont dit sur l'origine des vins que possédaient les anciens Romains, il paraît douteux que leurs successeurs aient ajouté quelque chose à leurs connaissances sur ce sujet. Ils tiraient leurs meilleurs vins de la Campanie, qui s'appelle maintenant *Terra di Lavori*, dans le royaume de Naples. Les vins de Falerne et de Massique étaient le produit des vignes plantées sur les côteaux, autour de Mondragon, au pied duquel coule le Garigliano, autrefois nommé Iris. Les vins d'Amiclée et de Fondi se faisaient dans le voisinage de Gaëte; les raisins de Luessa croissaient près de la mer, etc.; mais, nonobstant la grande variété des vins produits par le sol de l'Italie, le luxe porta bientôt les Romains à aller chercher ceux d'Asie, et leurs tables furent couvertes des vins précieux de Chio, Lesbos, Ephèse, Cos et Clazomène.

La vigne fut introduite en Angleterre par les Romains, et il paraît qu'elle devint bientôt commune. Il y a peu d'anciens monastères qui n'aient fait du vin. Dans les premiers temps de l'histoire d'Angleterre, l'île d'Ely fut spécialement nommée Ile des Vignes par les Normands. Peu après la conquête, l'évêque d'Ely recevait au moins trois ou quatre tonneaux de vin par an, pour la dîme sur les vignes de son diocèse, et dans ses baux, il se réservait souvent le revenu d'une certaine quantité de vin. Beaucoup d'entre eux étaient presque aussi doux que ceux de France.

Au temps de César, il n'y avait pas de vignes dans les Gaules, et cependant, dès le temps de Strabon, non-seulement cette province, mais encore tout le pays en était abondamment pourvu. Sous le règne de Vespasien, la France devint fameuse par ses vins, et elle en exportait même une grande quantité en Italie.

Cependant au temps de Lucullus, ce n'était que rarement que les Romains eux-mêmes pouvaient se régaler de vin. L'Italie en produisait peu, et les vins étrangers étaient si chers que l'on en donnait rarement, même dans les festins; et lorsque cela arrivait, on n'en servait qu'un verre à chaque hôte. Mais au cinquième siècle de la fondation de Rome, comme leurs conquêtes avaient augmenté leurs richesses et étendu la sphère de leur luxe, les vins devinrent l'objet d'une attention spéciale. Alors on construisit des caves, qui, peu à peu, se remplirent, et les vins du pays acquirent de grandes qualités.

Le Falerne ne tarda pas à jouir d'une grande réputation, et spécialement celui de Florence, vers la fin du siècle ci-dessus; et les habitants des parties occidentales de l'Europe furent en même temps subjugués par les armes de l'Italie et égayés par ses vins.

CHAPITRE II.

Des substances qui entrent dans la composition du vin et de ses diverses espèces.

Tout le monde sait qu'aucun produit des arts ne varie tant que le vin; que les différents pays et quelquefois les différentes provinces d'un même pays produisent différents vins. Il n'y a pas de doute que ces différences doivent être attribuées principalement au climat dans lequel se trouve la vigne, à son mode de culture, à la quantité de sucre contenue dans le jus des raisins, à la fabrication du vin ou à la manière dont on le fait fermenter et dont on dirige le produit par la suite. Si les raisins sont cueillis verts, le vin abonde en acide; mais s'ils sont mûrs, le vin sera plus généreux. Lorsque la proportion du sucre est suffisante et la fermentation complète, le vin est parfait. S'il y a trop de sucre, il en reste une partie non décomposée, parce que la fermentation est languissante, et le vin reste doux et mielleux; si, au contraire, il y avait peu de sucre, quand même les raisins seraient bien mûrs, on n'obtiendrait qu'un petit vin; et, si on le met en bouteilles avant que la fermentation soit complète, une partie du sucre reste indécomposée, la fermentation continue lentement dans la bouteille, et lorsqu'on la débouche, le vin pétille dans le verre, comme, par exemple, le Champagne. De tels vins ne sont pas assez mûrs. Lorsqu'on sépare le moût de la rafle du raisin noir avant la fermentation, le vin n'a que peu ou point de couleur : on l'appelle *vin blanc*. Si, au contraire, on laisse la rafle dans le vin pendant la fermentation, l'alcool dissout la matière colorante et le vin se colore : c'est ce qu'on appelle *vin rouge*. Ainsi on fait souvent du vin blanc avec du raisin noir, en séparant la liqueur avant qu'elle ait pris de la couleur; car c'est de la peau seule qu'elle vient. D'ailleurs, dans ces principales circonstances, le goût des vins varie beaucoup.

Tous les vins contiennent un principe commun et identique qui produit des effets semblables : c'est l'*eau-de-vie* ou alcool. C'est principalement par les différentes proportions d'alcool que contiennent les vins, qu'ils diffèrent le plus les uns des autres. Lorsqu'on distille le vin, l'alcool s'en sépare facilement : l'esprit ainsi obtenu, est bien connu sous le nom d'*eau-de-vie*.

Tous les vins contiennent aussi un acide libre : c'est pourquoi ils rougissent la teinture bleue de choux rouge. L'acide qu'on trouve le plus abondamment dans le vin de raisin est l'acide *tartrique*. Tout vin contient du tartrate acide de potasse et de la matière extractive venant du raisin. Ces matières se déposent lentement dans les vases ; c'est à cela qu'est due l'amélioration que le temps procure au vin. Les vins qui moussent lorsqu'on les verse dans un verre contiennent aussi de l'acide carbonique auquel est due leur impétuosité.

Tous les vins sont caractérisés par une odeur particulière plus ou moins marquée, et qui est produite par une matière huileuse dite *huile essentielle des vins*. On obtient cette huile à la distillation de grandes quantités de vin ou de lie de vin, vers la fin de l'opération.

Cette huile a une saveur forte, le plus souvent elle est incolore, mais quelquefois légèrement colorée en vert par l'oxide de cuivre des appareils. C'est une combinaison d'un acide particulier, analogue aux acides gras, avec l'éther ordinaire. Le premier a reçu le nom d'*acide œnanthique*, et par conséquent l'huile essentielle des vins est de l'*éther œnanthique*.

L'éther œnanthique purifié est très fluide, sans odeur, et avec une odeur de vin extrêmement forte et même enivrante, quand on en aspire beaucoup les vapeurs à la fois. Sa densité est 0,862, et sa volubilité est très faible, puisqu'il ne bout qu'à 225° ou 230° cent., sous la pression de 0^m747. Les alcalis caustiques le décomposent instantanément, mais les carbonates alcalins ne lui font pas subir d'altération sensible. Il n'est pas non plus altéré par l'ammoniaque gazeuse ou liquide, même à l'aide d'une douce chaleur.

L'acide œnanthique hydrate qu'on sépare par l'acide sulfurique des combinaisons alcalines de l'éther œnanthique, est un corps d'un blanc parfait, d'une consistance butyreuse à 13° c., mais fondant en une huile incolore, sans saveur ni odeur, à une température supérieure.

On ne sait pas encore si cet acide, qui est présent dans tous les vins, existe dans les pépins de raisins, ou en dissolution dans les moûts, mais il est cependant probable que l'éther œnanthique se forme dans les vins, soit pendant la fermentation, soit pendant le travail qui suit.

C'est à l'éther œnanthique qu'on a attribué le bouquet des vins et même des eaux-de-vie; mais ce qui paraît certain, c'est qu'il exerce une action particulière sur l'organisme humain, qu'il augmente l'ivresse produite par l'alcool, ou du moins la rend plus profonde et plus spéciale.

De tous les pays du monde, la France est reconnue pour le plus riche en vin.

Les vins les meilleurs et les plus recherchés sont ceux qu'on fait avec le raisin. La propriété qu'il a de donner les meilleurs vins connus ne vient pas de ce qu'il contient la matière la plus sucrée, car c'est la canne à sucre qui est le végétal le plus riche en cette substance; mais, de ce que ce principe est uni à un ferment particulier, de telle sorte qu'il en résulte la combinaison vineuse la plus homogène, la plus convenable qui existe et celle qui nous est le plus généralement agréable.

Le vin de France, dit de Bourgogne, est excellent et très-estimé; ses principes sont parfaitement combinés, et aucun d'eux n'est en excès; il se bonifie beaucoup pendant six ou huit ans, après lesquels il se détériore, mais très lentement; et en général, il se conserve très bien.

Les vins appelés vins d'Orléans possèdent des qualités qui ressemblent beaucoup à celles des vins de Bourgogne, lorsque le temps a fait disparaître leur aigreur et intimement combiné leurs principes.

Les vins rouges de Champagne sont très délicats; le blanc qui ne mousse pas est bien préférable à celui qui mousse, qui n'est pas assez mûr et qui n'a pas assez fermenté. Néanmoins, il contient peu d'alcool, et il devient plat lorsqu'il a perdu son acide carbonique.

Les vins du Languedoc et de la Guyenne ont beaucoup de couleur et de ton, surtout lorsqu'ils sont vieux. Ceux d'Anjou sont très spiritueux et enivrent facilement.

Les vins d'Allemagne, ceux du Rhin et de la Moselle sont blancs et très chargés d'alcool; ils se conservent long-temps et se bonifient beaucoup par le temps. Les vins d'Italie, surtout d'Orvieto, de Vicence et le *Lacryma Christi* sont bien fermentés et ressemblent beaucoup aux bons vins de France.

Les vins d'Espagne et de Grèce sont en général secs, doux et peu fermentés, excepté ceux de Rota et d'Alicante, qui sont réputés pour leurs qualités cordiales.

Quelques-uns des vins du cap de Bonne-Espérance sont peut-être les premiers et les meilleurs de tous les vins. Le vin de Constance est partout fort estimé. On suppose qu'il n'est produit que dans deux fermes qui avoisinent le Cap. Mais M. Barrow observe que le même raisin muscat croît dans toutes les fermes, et que quelques-uns des vins faits dans le Drakenstein égalent ou même surpassent ceux de Constance. La méthode cependant est trop imparfaite pour produire du bon vin avec quelque degré de certitude. On jette sous le pressoir les raisins mûrs ou non avec leur rafle; les uns sont, en conséquence, faibles et acides; les autres sujets à s'altérer et sucrés. Les paysans et les commerçants ne connaissent pas encore les principes d'un commerce étendu et libéral; et les vins, éprouvant diverses altérations, sont rarement conformes aux échantillons; les marchands du pays s'imaginant qu'une fois le vin payé et embarqué, ils n'ont plus rien à craindre. Le gouvernement anglais, depuis qu'il compte le Cap au nombre de ses colonies, s'est efforcé d'encourager la fabrication de ce vin, en réduisant les droits d'entrée en Angleterre, ce qui a fait qu'on en a importé une quantité considérable; mais il n'a pas été goûté dans ce pays, et à moins que la qualité ne s'améliore d'une manière bien marquée, il n'est pas probable qu'il devienne d'un usage général. Cependant les marchands de Londres y ont dernièrement envoyé des personnes habiles dans l'art de cultiver et de fabriquer le vin, dans le but de donner aux habitants les instructions nécessaires. Les avantages qui peuvent résulter de cette mesure ont fait naître de grandes espérances.

CHAPITRE III.

Caractères distinctifs des vins factices.

Les vins factices, surtout ceux de fruits, diffèrent principalement des vins de raisin, en ce qu'ils contiennent une beaucoup plus grande quantité d'acide malique, tandis que ceux-ci contiennent surtout de l'acide tartrique, car c'est principalement la présence du tartrate acide de potasse qui distingue particulièrement les raisins de tous les autres fruits propres à faire du vin. Ce sel est fort abondant dans le raisin, avant sa maturité, et une portion disparaît pendant qu'il mûrit. C'est cette observation qui a conduit le docteur Macculloch à indiquer au public la pratique utile de mettre du tartrate acide de potasse dans les jus des fruits que l'on destine à la fabrication des vins factices.

Il est hors de doute que ce sel est en partie décomposé pendant les progrès de la fermentation, et une partie considérable de ce qui reste se dépose par la suite dans les tonneaux ou les bouteilles où l'on conserve le vin, et c'est ce qui forme ce qu'on appelle la lie de vin.

Il y a peu de nos vins factices qui aient une couleur intense, car, à l'exception des baies de sureau, des mûres et des cerises noires, les jus des fruits sont à peine colorés.

CHAPITRE IV.

PRINCIPES GÉNÉRAUX DE L'ART DE FAIRE LE VIN.

De la Fermentation.

Le jus avec lequel on fabrique le vin contient une grande proportion d'eau tenant en dissolution une certaine quantité de matière sucrée, de principe fermentescible, qui paraît être une modification du gluten, de différents acides qui sont principalement l'acide tartrique dans le jus de raisin et l'acide malique dans le jus des autres fruits, et de différentes matières mal définies par les noms d'*extractif* et de *mucilage*. Lorsque ces principes sont abandonnés à eux-mêmes, à une température modérée, ils commencent bientôt à réagir les uns sur les autres, et plusieurs enfin subissent des changements remarquables. C'est dans ces phénomènes, qu'on nomme *fermentation*, que consiste le principe essentiel de la fabrication du vin; ils sont analogues à ceux qui se passent dans la conversion du moût en bière. La fermentation vineuse ne commence guère lorsque la température est au-dessous de 16° (1), mais à 21° elle marche avec activité.

Une grande masse est une condition très favorable au développement de la fermentation vineuse. Une petite quantité de matière sucrée a éprouvé à peine ce changement, qu'elle tourne à la fermentation acide.

Lorsque les substances dont nous avons parlé sont placées dans les circonstances convenables, la fermentation commence en quelques heures ou quelques jours, selon la température, la richesse en sucre et la masse du liquide. La liqueur éprouve des mouvements intérieurs, s'épaissit et se trouble, sa température s'élève, et il s'en dégage de l'acide carbonique. Elle augmente de volume, et sa surface se couvre d'une écume abondante, due à l'acide carbonique qui est retenu pendant quelque temps par la viscosité du liquide. La quantité d'acide carbonique qui se dégage, pendant la fermentation, est très considérable; il se développe dès le commencement, et il s'en dégage jusqu'à ce qu'elle soit terminée. Après quelques jours, ou un temps plus ou moins long, suivant la température, et d'autres circonstances, la fermentation cesse, le liquide s'éclaircit, la matière qui le troublait s'étant précipitée, et la liqueur, de douce et visqueuse qu'elle était, devient vineuse et limpide. Elle est alors convertie en vin.

Tels sont les phénomènes généraux de la fermentation qui font voir, ainsi que la nature du produit, que les parties constituantes ont éprouvé de grands changements. Le plus remarquable, c'est que la quantité de sucre va toujours en diminuant, et, à la fin de l'opération, il a complètement

(1) Thermomètre centigrade: c'est ce thermomètre dont nous nous servirons dans tout le cours de cet ouvrage.

disparu. Le liquide est alors plus fluide, et surtout plus clair, et a acquis un goût spiritueux : ces nouvelles propriétés sont attribuées à la formation de l'alcool qui existe dans le vin. Il paraît qu'il n'y a que le sucre qui ait éprouvé de décomposition ; il se partage en deux portions ; l'une s'échappe sous forme d'acide carbonique, tandis que l'autre, contenant une grande proportion d'hydrogène, reste dans la liqueur sous forme d'alcool. Une partie de l'alcool est aussi entraînée, et celui qui reste dans le liquide est combiné avec les acides et la matière colorante du vin. On a aussi trouvé que l'acide tartrique est en partie décomposé pendant la fermentation, et il se produit de l'acide malique. Il paraît, d'après d'autres expériences, qu'il se dégage aussi du gaz azote pendant la fermentation ; d'où l'on conclut qu'il se décompose d'autres principes du moût, puisque le sucre ne contient point d'azote.

Lorsque ces phénomènes ont eu lieu, on met le vin en tonneau où il subit des changements ultérieurs, et s'achève par une nouvelle espèce de fermentation qu'on appelle fermentation insensible. Peu après que le vin est en tonneau, on entend un petit sifflement qui résulte d'un dégagement continu d'acide carbonique qui s'échappe de tous les points de la liqueur ; il sort aussi un peu d'écume par la bonde, et l'on doit alors avoir soin de tenir le tonneau toujours plein, afin que la mousse puisse s'échapper, et que le vin se perfectionne ; tant que cela continue, il suffit de boucher le bondon avec une feuille de papier, ou de le couvrir d'une tuile.

A mesure que la fermentation insensible diminue, le liquide s'abaisse, et l'on doit observer avec soin cet abaissement, afin d'y mettre de temps en temps du vin, pour que le tonneau soit toujours plein.

Ceci est un point très important dans la fabrication du vin, et c'est souvent de la manière d'agir dans cette dernière période que résulte presque entièrement cette variété infinie qui existe parmi les vins. C'est aussi cette époque qui est en général la plus convenable pour introduire dans le vin les substances étrangères propres à lui donner un bouquet. La douceur de quelques vins vient de la présence d'une trop grande quantité de matière sucrée, et on peut généralement y remédier en prolongeant la fermentation. Au contraire, lorsque la fermentation a été poussée assez loin pour décomposer tout le sucre, on dit que le vin est sec, et si la quantité primitive de sucre a été trop petite, il s'aigrit facilement.

Le goût astringent et la couleur des vins rouges viennent de la peau des fruits et des pépins, et lorsqu'on veut leur procurer ces qualités à un haut degré, on mêle quelquefois une certaine proportion de raisins très colorés aux autres fruits.

Dans le vin de Madère, ainsi que dans ceux de Xérès et de San-Lucar, on a l'habitude d'ajouter des amandes amères, pour leur donner un goût de noisette. Les framboises, la racine d'iris, l'orvale et les fleurs de sureau, peuvent être employées pour donner des bouquets particuliers aux vins factices. Lorsqu'on emploie ces différentes substances, le mieux est de les suspendre dans le tonneau, pendant quelques jours, durant la fermentation insensible. Au moyen de cette disposition, leur parfum est retenu sans qu'il puisse se dissiper.

Lorsqu'un vin est trop faible, on y ajoute ordinairement une plus ou moins grande quantité d'eau-de-vie, et pour en rendre la combinaison plus complète, le docteur Macculloch conseille avec raison de l'ajouter pendant que la fermentation insensible est en activité.

On peut donner la couleur aux vins factices avec des mûres, des fruits des ronces sauvages, des baies de sureau, d'yèble, d'airelle, des tranchés de betteraves : ces substances procurent aux liqueurs vineuses une belle couleur rouge ; on les fait quelquefois fermenter avec le moût, pour rendre la couleur plus intense.

Tous les chimistes ont avancé que la présence de l'air était indispensable pour que la fermentation vineuse eût lieu, ou commençât à s'établir. L'un des plus habiles chimistes français, M. Thénard, a dit que le moût, privé du contact de l'air, ne possède point la propriété de fermenter. Il rapporte à ce sujet une expérience très-curieuse et qui paraît même concluante, de M. Gay-Lussac, qui, ayant fait passer sous une éprouvette pleine de mercure et dont les parois avaient été bien purgées d'air par l'acide carbonique et ce métal, des raisins bien mûrs qui y furent écrasés avec les mêmes précautions, ils n'entrèrent point en fermentation, quelle que fût l'élévation de température ; mais, dès qu'il eût fait passer quelques bulles de gaz oxigène, elle s'établit de suite.

Une semblable expérience faite par un chimiste si distingué paraît ne rien laisser à désirer.

« On a vanté, il y a plusieurs années, pour la vinification, un appareil de mademoiselle Gervais, qui consiste : 1° en un couvercle de bois luté sur une cuve avec du plâtre ou de l'argile, et au milieu duquel est une ouverture qui reçoit un grand chapiteau en fer-blanc, enveloppé d'un réfrigérant ; 2° en deux grands tuyaux qui partent du sommet du chapiteau, et qui viennent plonger dans un vase rempli d'eau et de vinasse ; 3° en une soupape de sûreté adaptée à l'un des tuyaux. On a prétendu qu'au moyen de cet appareil, on condensait beaucoup d'alcool qui se vaporisait pendant la vinification ; qu'on obtenait plus de vin, du vin plus parfumé, plus coloré et plus spiritueux que par les procédés ordinaires. Mais il est bien démontré qu'ici tout est exagéré : d'abord M. Gay-Lussac a donné une preuve mathématique qu'il ne se vaporise pas une quantité d'esprit égale à la deux-centième partie du vin, par conséquent, le réfrigérant est inutile ; deuxièmement, le bouquet ne se développe point pendant la fermentation ; il ne devient très-sensible qu'autant que le vin est en bouteilles ; troisièmement, la couleur, toutes choses égales d'ailleurs, dépend de la durée de la fermentation et du contact immédiat de l'enveloppe des grains avec la liqueur ; quatrièmement, quand bien même on admettrait que le vin serait plus spiritueux, il serait difficile de concevoir qu'on en obtînt davantage : ce ne serait qu'autant que la cuve serait découverte, placée dans un courant d'air, et abandonnée longtemps à elle-même, que la quantité pourrait être moindre. Il suit donc de toutes ces considérations que l'appareil de mademoiselle Gervais n'a d'autre avantage que de préserver la vendange du contact de l'air, de prévenir la formation d'un peu de vinaigre et le refroidissement trop prompt de la cuve à la partie supérieure : or, un simple couvercle en bois suffit pour cela, et c'est une pratique qu'ont adoptée plusieurs propriétaires depuis long-temps ; observons toutefois qu'il n'est réellement nécessaire de couvrir la cuve, qu'autant que l'on fait cuver long-temps, et que l'avantage devient nul lorsque le vin est tiré au bout de deux ou trois jours.

Nous avons dit que lorsque les moûts de vins sont en fermentation ils dégagent en assez grande abondance de l'acide carbonique, or cet acide carbonique étant un gaz irrespirable, son accumulation dans les celliers, les caves ou les lieux clos d'habitation peut donner lieu à de graves inconvénients si l'on ne prenait pas quelques précautions pour les éviter.

Pour se débarrasser de l'acide carbonique qui s'accumule dans les localités où il y a des moûts en fermentation, afin de pouvoir y pénétrer sans danger, on a conseillé généralement d'établir des courants d'air qui chassent au dehors ce gaz délétère, ou bien des aspersions d'un lait de chaux, matière qui absorbe l'acide carbonique. Ces deux moyens sont suffisants lorsqu'il s'agit de débarrasser d'une manière lente un local de cet acide, mais dans certains cas ils n'opèrent pas avec assez de célérité, par exemple lorsque quelqu'un est asphixié dans un pareil local et qu'on expose sa vie pour lui porter des secours.

Dans de pareils cas M. Aubergier a recommandé d'asperger le local avec de l'ammoniac caustique, (esprit de sel ammoniac). Ce corps volatil se répand dans toute la capacité du local et absorbe dans tous ses points l'acide carbonique, tandis que le lait de chaux n'agit que dans les points qu'il touche. Par l'absorption de l'acide carbonique et la formation du carbonate d'ammoniaque, il se forme un vide dans lequel l'air se précipite aussitôt, et en quelques moments l'air est suffisamment purifié pour pouvoir pénétrer sans danger dans le local.

Du reste il convient de ne pas pénétrer dans les locaux où du gaz acide carbonique pourrait se dégager en abondance, sans y avoir introduit une lumière, pour s'assurer par sa combustion que l'air n'est pas complétement vicié, et avoir toujours en sa possession un flacon d'ammoniaque caustique pour parer aux éventualités.

Mise en tonneaux.

Lorsque le vin est entièrement achevé, on le tire dans des tonneaux secs et propres.

Pour que le vin se conserve et se bonifie, il est bon de le mettre dans des lieux frais. Les bouteilles de verre sont ce qu'il y a de plus convenable pour le conserver, parce que, outre qu'elles ne présentent aucun principe soluble dans le vin, elles le préservent très-bien du contact de l'air et des principales variations de l'atmosphère. Il faut avoir soin de bien boucher les bouteilles avec de bons bouchons, et de les coucher sur le côté, afin d'empêcher le bouchon de sécher, et de laisser passer l'air. Pour plus grande sûreté, on peut revêtir le bouchon d'un enduit de goudron appliqué avec un pinceau, ou bien tremper le col de la bouteille dans un mélange en fusion de cire, de résine et de poix.

Les fabricans de vins savent que les améliorations que l'âge procure au vin sont plus grandes et plus réelles lorsqu'on le garde, non dans des bouteilles, mais dans des tonneaux qu'on a soin de tenir constamment pleins, car la séparation d'une portion de tartrate acide de potasse s'opère plus rapidement lorsque le vin est dans un tonneau que dans des vases de verre. Tout le monde a entendu parler de l'immense tonneau de Heidelberg, dans lequel on conservait, pendant des siècles entiers, du vin qui s'y bonifiait toujours; il est aussi reconnu que le vin se conserve mieux dans des grands tonneaux que dans des petits.

Le *Journal d'Agriculture du Grand Duché de Bade de* 1830, contient le fait suivant, qui mérite d'être connu.

« Dans une localité riche en arbres fruitiers où l'auteur de cet article a été employé pendant plusieurs années, on a la coutume, déjà suivie depuis fort long-temps, de *saler le moût de cidre* destiné à être bu l'été suivant.

« Lorsque j'en demandai la raison, on me dit que pour annihiler l'effet du mauvais état de certaines caves, et pour que le cidre ne vienne pas à tourner, on y mêlait du sel, au moyen duquel il se conservait parfaitement et sans aucun arrière goût. Ce qu'il y a de certain, c'est que le cidre salé, âgé de plus d'un an, que j'ai dégusté, était excellent, parfaitement clair et sans le moindre goût de sel.

« J'appris aussi que les proportions du sel diffèrent selon la nature de la cave. Le propriétaire d'une très mauvaise m'a dit avoir mêlé 1/2 kil. de sel de cuisine par muid, un autre, dont la cave était meilleure, ne mettait que 1/4 de kil. de sel par muid. Mais le cidre ainsi travaillé n'est guère buvable avant le printemps suivant; jusque là, il conserve un goût salé plus ou moins prononcé et désagréable.

« Cette manière de traiter le cidre me suggéra l'idée de soumettre du vin à la même épreuve.

« Je mis donc dans un muid de vin une livre de sel. Le printemps suivant, ce même vin (raisin rouge) tiré du tonneau, avait une belle couleur claire, parfaitement transparente; il fut trouvé plus suave, plus doux, en un mot supérieur à celui d'autres tonneaux du même crû n'ayant pas reçu de sel, et, chose digne de remarque, le vin ainsi salé s'est conservé parfaitement clair jusqu'à la dernière goutte. »

Nous conseillons d'essayer ce moyen bien simple sur le cidre et sur les autres vins de fruits, qui parfois faute d'une dose suffisante d'alcool, sont sujets à se détériorer, et dont il est bon au contraire de prolonger si on peut la durée.

Clarification du vin.

La clarification du vin s'opère spontanément par le temps et le repos; car il se forme peu à peu sur le fond et sur les côtés du tonneau un dépôt qui débarrasse le vin de toutes les substances qui ne sont pas dissoutes ou qui sont en excès. Ce dépôt appelé lie, est un mélange de tartrate acide de potasse, de levure, de gluten et de matière colorante.

Mais ces substances, quoique déposées dans le tonneau et précipitées du vin, sont encore susceptibles de s'y mêler par l'agitation ou par un changement de température; et, dans ce cas, en gâtant la qualité du vin qu'elles troublent, elles le font, de nouveau, entrer en fermentation, ce qui le fait dégénérer en vinaigre.

Pour obvier à cet inconvénient, on soutire le vin dans d'autres vases à différentes époques. Il faut séparer avec soin toute la lie qui se précipite; et, en soutirant le vin dans des tonneaux propres, on en sépare les matières qui n'y sont pas complètement dissoutes.

Soutirage du vin.

Lorsque la fermentation insensible est arrivée au point désiré, on l'arrête en soutirant le vin, c'est-à-dire en le sortant de dessus la lie : car la lie, quoique tombée au fond du tonneau, peut s'y mêler par quelqu'accident, tels que l'agitation, la température, l'état électrique de l'air ; alors elle rend le vin trouble et établit une nouvelle fermentation ; ce qui lui fait contracter un mauvais goût, et tend à le faire aigrir.

L'époque à laquelle s'effectue le soutirage des vins varie suivant les différens pays ; mais l'époque à laquelle on fait le plus généralement cette opération est vers le commencement de mars : cette époque d'ailleurs doit varier suivant la qualité du vin. Les vins faibles doivent être soutirés en hiver, les vins généreux en été, et les autres entre ces deux époques ; mais il faut toujours observer de le faire par un temps frais.

Il convient toujours de soutirer le vin lorsque les tonneaux doivent être déplacés : car il peut s'y être formé un nouveau dépôt, qui, en se mêlant à la liqueur, la rendrait louche et pourrait l'altérer sensiblement. D'ailleurs l'expérience a constamment prouvé que les vins soutirés se conservent beaucoup plus long-temps, sont plus transparens et supportent les déplacemens beaucoup plus facilement que ceux qui ne l'ont pas été.

L'opération du soutirage faite à la manière ordinaire est néanmoins contraire aux vins blancs ; ils perdent quelques-unes de leurs qualités et se colorent. Cet effet dépend uniquement de l'action de l'air atmosphérique : car si on laisse une bouteille débouchée quelques instans, le vin que l'on prendra ensuite sera sensiblement plus coloré qu'il ne l'était avant. C'est pour remédier à cet inconvénient que, dans des pays vignobles, on évite soigneusement le contact de l'air dans le soutirage des vins. On a, à cet effet, un conduit de cuir terminé, à ses deux extrémités, par des robinets de bois qui s'adaptent aux deux pièces que l'on veut transvider l'une dans l'autre ; mais, comme l'opération s'arrête lorsque la liqueur est arrivée au même niveau dans les deux tonneaux, pour la faire continuer, on introduit, par le moyen d'un soufflet adapté à la bonde, de l'air dans l'un des deux tonneaux, qui, augmentant la pression atmosphérique sur la surface du liquide, l'oblige à passer dans l'autre vase.

Le soutirage est insuffisant soit pour clarifier complètement les vins et les dépouiller de toutes les matières qui, n'en faisant point essentiellement partie, ne peuvent que leur être nuisibles, soit pour prévenir toute nouvelle fermentation; à cet effet, on fait deux nouvelles opérations, qui sont le soufrage et le collage.

Du soufrage ou mutisme.

Pour prévenir une nouvelle fermentation, on soufre ou mute le vin.

On dit qu'un vin est soufré ou muté quand il est imprégné de vapeur sulfureuse obtenue par la combustion d'une mèche soufrée.

Le meilleur moyen pour préparer ces mèches est le plus simple : il s'agit seulement de prendre des bandes minces, de toile ou de coton, d'un pouce et demi à deux pouces de large, et de six à sept pouces de long, et de les tremper dans du soufre fondu qui ne soit pas trop chaud ; sans cela il en brûlerait une trop grande quantité qui répandrait une très mauvaise odeur qu'on ne pourrait pas supporter, et c'est pour prévenir tout inconvénient de ce genre qu'il faut toujours faire cette opération sous une cheminée qui tire très bien.

On vend des mèches parfumées qu'on prépare en ajoutant au soufre des aromates, tels que des poudres de girofle, de canelle, de gingembre, de coriandre, d'iris de Florence, de fleur de thym, de lavande, de marjolaine, d'oranger, etc. ; on vend même dans le commerce des mèches sous le nom de *mèche à la violette de Strasbourg*. Elles ne diffèrent de celles ordinaires que parce qu'elles sont couvertes de fleurs de violettes ; mais il ne faut que réfléchir un peu pour voir que ces mèches parfumées ne sont pas meilleures que les autres, et que même elles valent moins, parce que les fleurs qu'on mêle au soufre, loin de produire une odeur agréable en brûlant, n'en produisent qu'une d'empyreume et de fumée, qui ne peut que nuire au vin plutôt que le rendre plus agréable ; et, comme ces parfums brûlés n'ont pas du tout la propriété de muter le vin, ceux qui les emploient ne peuvent donc avoir d'autre but que de parfumer le vin : et si c'est là le but qu'ils se proposent, pourquoi ne pas mettre les aromates dans le vin sans les brûler, comme nous le dirons plus loin ?

La combustion des mèches se fait en les suspendant à un fil de fer crochu de 20 à 25 centimètres de long, et qui passe au travers d'un bondon qui bouche le tonneau pendant l'opération. On recommande souvent de bien enfoncer le bondon pendant le soufrage ; mais c'est à tort, parce que l'air du tonneau se dilatant beaucoup au moment de la combustion, il pourrait faire éclater le tonneau s'il était trop bien bouché. Il faut donc toujours laisser une petite issue à l'air dilaté.

Le soufrage rend le vin trouble et d'une couleur désagréable ; mais elle ne tarde pas à changer, et le vin s'éclaircit. Cette opération contribue à la conservation des vins qui auraient de la tendance à subir une nouvelle fermentation ; mais elle a l'inconvénient de décolorer un peu les vins rouges, ce qui peut quelquefois nuire à leur vente ; c'est pour cela qu'on a cherché à remplacer ce moyen par un autre qui ne présente pas cet inconvénient : ce moyen, qui est généralement usité dans le département de l'Hérault, consiste à jeter au fond du tonneau une petite quantité d'eau-de-vie chaude qu'on allume avec un cordon enflammé qu'on plonge dans le tonneau ; ou, mieux encore, avant de la jeter dans le tonneau, il faut avoir soin de boucher la bonde, le mieux possible, avec la main.

Ce procédé, qui a pour but de brûler l'oxigène de l'air qui se trouve dans le tonneau, est bon pour les vins qui n'ont besoin d'être que très peu soufrés ; mais il ne suffirait pas pour des vins qui auraient beaucoup de tendance à fermenter, parce qu'il est très peu efficace.

Dans plusieurs contrées on fait un vin qu'on appelle muet, et que l'on emploie de préférence au soufrage. Voici comment on le prépare : On foule et on presse promptement quelques paniers de raisins dont on met de suite le jus dans un tonneau qu'on remplit d'abord au quart, et dans lequel on brûle plusieurs mêches, puis on agite bien le vin pour qu'il dissolve le gaz sulfureux qui s'est produit; après quelque temps, on brûle de nouvelles mêches et on agite le vin auquel on en a ajouté de nouveau; on continue ainsi jusqu'à ce que le tonneau soit plein; on a ainsi du moût saturé de gaz sulfureux, et qui, par son mélange avec le vin, est bien propre à le muter. Ce vin qu'on nomme *vin muet*, est bien plus commode à employer que les mêches qu'on brûle dans les tonneaux, parce qu'on peut avec lui muter un vin, quand même le tonneau où il est serait presque plein, ce qu'on ne pourrait pas faire avec les mêches ordinaires, sans tirer du vin de dedans le tonneau; en outre, on est plus certain de muter plus ou moins fortement le vin selon qu'on le désire. Il est une autre substance d'un emploi encore plus facile, et dont l'effet est bien certain, c'est ce que les chimistes appellent du *sulfite de chaux*. C'est une poudre blanche formée de gaz sulfureux et de chaux. Il est inutile de dire qu'elle est tout-à-fait sans danger pour la santé. Il suffit de jeter dans le tonneau une plus ou moins grande quantité de cette substance pour muter le vin à son gré, et de bien agiter avec un bâton.

Du collage.

On donne le nom de collage à une opération que l'on fait sur les vins, dans le but de les rendre plus transparents, en précipitant toutes les matières qui y sont en suspension.

Le collage fait sur les vins à peu près l'effet d'un filtrage; il s'opère au moyen de matières qui, d'abord solubles dans le liquide, s'y divisent et s'y incorporent jusque dans ses dernières molécules; mais qui ensuite, rendues insolubles par leur combinaison avec quelque principe contenu dans le vin, forment une espèce de réseau qui se précipite et entraîne au fond du tonneau toutes les matières qui troublaient la transparence du vin.

Les deux substances employées pour coller les vins, sont l'albumine et la gélatine, qui deviennent insolubles par leur combinaison avec le tannin que renferme le vin.

La gélatine est une substance contenue dans toutes les

matières solides ou molles des animaux ; elle s'extrait des peaux, sabots, oreilles de bœufs ou autres animaux, par le moyen d'une longue ébullition ; mais cette espèce de gélatine ou colle est inférieure à celle extraite des os.

Pour extraire la gélatine des os, on les met en contact avec l'acide muriatique qui les dépouille de tout le phosphate calcaire qu'ils contiennent, et on n'a plus qu'à les mettre, pendant quelques heures, dans l'eau bouillante pour les convertir en colle d'os, qui est d'autant meilleure qu'elle est plus transparente.

La colle de poisson n'est autre chose que la partie intérieure de la vessie de différents poissons ; elle est composée de gélatine presque pure ; elle est beaucoup plus chère que celle d'os qui peut la remplacer sans inconvénient, lorsqu'elle est choisie avec soin : quant à la colle extraite des tendons, peaux, etc., elle n'est pas propre au collage des vins, et risquerait de leur donner un goût désagréable.

Soit que la gélatine s'emploie à l'état de colle de poisson ou à celui de colle d'os, on la fait tremper dans un peu d'eau ou dans du vin du tonneau même ; on peut, pour mieux la dissoudre, faire chauffer le mélange jusqu'à ce qu'on l'ait converti en une masse gluante que l'on jette dans le vin, en l'agitant fortement, afin de bien distribuer la gélatine dans toutes les parties ; bientôt elle s'empare du tannin et entraîne dans sa précipitation toutes les matières non dissoutes.

L'albumine est une substance très répandue dans l'économie animale ; mais les seules matières dans lesquelles elle soit propre à l'usage dont nous parlons, sont le blanc d'œuf qui en est presque entièrement composé et le sang de bœuf.

Pour employer le blanc d'œuf, on en dissout six ou dix, suivant la transparence du vin, dans environ un demi-litre d'eau : cette dose suffit à deux hectolitres de vin. L'albumine, de même que la gélatine, est rendue insoluble en se combinant avec le tannin ; mais il faut avoir soin de bien choisir les œufs qu'on emploie, de peur de gâter le bouquet du vin. Le sang de bœuf desséché à une basse température, forme une poudre noirâtre que l'on vend pour clarifier les vins. On pourrait également employer le sang frais. On le délaye dans un peu d'eau, et on le met, comme le blanc d'œuf, dans le vin, en le remuant bien dans tous les sens.

Il arrive quelquefois que des vins qui ont déjà été collés se troublent de nouveau, et qu'un nouveau collage ne réussit point à les clarifier ; cela vient de ce qu'ils ne contiennent plus de tannin, et on peut y suppléer artificiellement en y ajoutant une infusion d'écorce de chêne. On y suppléera de la même manière dans les vins de fruits qui, par leur nature, ne renfermeraient pas de tannin.

Quelques personnes emploient aussi, pour clarifier les vins, différentes poudres dont l'action est purement mécanique, telles que des cailloux calcinés et pilés, de l'albâtre gypseux ou calcaire en poudre, etc.; mais le collage est préférable à toutes ces substances.

De la mise en bouteilles.

Les vins sont généralement d'autant meilleurs qu'ils sont plus vieux ; mais c'est surtout dans les bouteilles qu'ils acquièrent de bonnes qualités. Il importe donc, lorsqu'on a un vin fin, de ne pas le laisser trop long-temps en tonneau et de le mettre en bouteilles d'assez bonne heure pour qu'il puisse, par le temps, y acquérir un goût et un parfum qu'on ne saurait définir, et qu'il n'aurait jamais si on le laissait dans le tonneau.

Rien n'est plus simple ni plus facile que la mise en bouteilles, et c'est pourtant une opération qui est souvent mal faite. Quelquefois on ne remplit pas assez les bouteilles, d'autres fois c'est le contraire; ou bien on n'a pas assez le soin de bien enfoncer les bouchons, qui doivent être plutôt un peu trop gros que trop petits. Il arrive aussi quelquefois que par négligence on emploie des bouteilles fendues ou étoilées, qui, si elles ne se brisent pas lorsqu'on les bouche, laissent fuir ou gâter le vin qu'on y renferme. Enfin, la conservation et la bonification du vin dépend beaucoup de la plus ou moins bonne qualité des bouchons et du soin qu'on apporte à les goudronner.

Choix des bouteilles.

L'on ne doit jamais employer que des bouteilles bien cuites et d'un bon verre ; car celles qui n'ont pas ces qualités, outre qu'elles présentent le grave inconvénient de se fendre spontanément, même sans éprouver le moindre choc, altèrent souvent le vin au point de le rendre méconnaissable.

Il faut rejeter toutes les bouteilles qui ayant déjà servi ne peuvent pas se laver parfaitement, ou conservent une odeur de moisi ou de vinaigre. C'est au rinçage des bouteilles qu'on doit toujours apporter le plus d'attention, surtout lorsqu'on n'emploie pas des bouteilles neuves ; cette opération doit, autant que possible, se faire avec une eau courante et non pas dans des baquets dont l'eau se salit très vite. Mais comme on n'a pas ordinairement à sa disposition une fontaine ou une eau courante, il faut achever de rincer chaque bouteille avec de l'eau bien propre. On a ordinairement l'habitude de se servir de plomb de chasse pour nettoyer les bouteilles ; mais ce mode d'opérer n'est pas sans inconvénient, parce qu'il arrive souvent qu'il reste quelques plombs dans le fond de la bouteille, où ils finissent par s'altérer et se changer en acétate de plomb, qui est un poison très dangereux. Il vaut beaucoup mieux employer une petite chaîne de fer ou du gros sable qui rince très bien et qui ne présente aucun danger pour la santé.

On doit toujours rincer les bouteilles deux ou trois jours avant de s'en servir ; et pendant tout ce temps elles doivent être renversées sur des planches percées, pour qu'elles puissent bien s'égoutter. Les bouteilles qui sont rincées depuis long-temps, contiennent souvent des araignées, qui font indubitablement gâter le vin.

On a quelquefois recommandé de passer de l'eau-de-vie dans les bouteilles ; mais on conçoit aisément que c'est une absurdité, et, avec un peu de réflexion, on verra que cette opération n'a d'autre effet que d'ajouter une petite quantité d'eau-de-vie au vin. A quoi sert cette addition si le vin est assez spiritueux ? si au contraire il ne l'est pas assez, pourquoi se donner la peine de mettre un peu d'eau-de-vie dans chaque bouteille, au lieu de la verser tout d'un coup dans le tonneau.

On ne doit d'ailleurs jamais mettre de l'eau-de-vie dans les bouteilles lorsqu'on veut y conserver un vin fin, parce qu'elle pourrait altérer son bouquet pendant plus ou moins de temps.

Qualité des bouchons.

On doit toujours choisir les meilleurs bouchons pour les vins qui doivent être conservés pendant long-temps, mais surtout pour les vins mousseux. Le liége doit être bien homogène, le moins poreux possible, et assez flexible, parce que lorsqu'il est trop dur il brise le goulot de la bouteille, ou bien la bouche mal; il faut surtout rejeter avec soin tous les bouchons percés qui ont déjà servi, et ne pas se laisser tromper par l'apparence qu'on donne à de vieux bouchons en les retaillant, c'est-à-dire en leur enlevant l'épiderme pour les faire paraître neufs; ils sont le rebut des maisons qui en consomment beaucoup : on peut les reconnaître à la teinte bistre de leurs pores; mais quelquefois ils n'ont pas cette couleur et ils sont alors le plus à craindre, parce qu'ils ont servi à la bière. On ne doit jamais employer les vieux bouchons, si ce n'est pour les vins qu'on doit boire de suite.

Après avoir placé les bouchons sur toutes les bouteilles, pour bien les enfoncer, on a besoin d'appuyer la bouteille sur son genou.

Manière de goudronner les bouchons.

Les vins qui doivent être conservés pendant long-temps doivent toujours être goudronnés, afin de boucher tous les pores du liége et les fissures qu'il pourrait y avoir, et qui laisseraient entrer de l'air dans les bouteilles, ou bien laisseraient échapper le gaz acide carbonique et les vapeurs alcooliques du vin. Le goudron a un autre avantage, c'est d'empêcher les insectes de ronger les bouchons.

On aime mieux acheter du goudron tout préparé que de le faire soi-même; mais comme on ne peut pas toujours s'en procurer, il est souvent fort utile de savoir le composer. Voici le procédé qu'il faut suivre pour cela : Vous prenez une demi-livre de poix résine, vous la faites fondre avec une livre de poix de Bourgogne dans une petite marmite, puis vous y ajoutez quatre onces de cire jaune coupée en petits morceaux et une petite quantité de brique pilée bien fin, vous remuez constamment le mélange jusqu'à ce que tout soit bien fondu, alors vous retirez une grande partie du feu et n'en laissez que la quantité nécessaire pour que le goudron reste bien liquide, mais sans bouillir : cette quantité de goudron est celle qui est nécessaire pour cent cinquante bouteilles.

Quelques personnes remplacent la cire par du suif, mais il n'en faut pas tant mettre, parce qu'il rendrait le goudron trop mou ; on doit toujours mettre l'une ou l'autre de ces substances, car sans elle le goudron serait trop sec et se détacherait trop facilement.

Lorsque le goudron a été préparé comme nous venons de le dire et qu'il est bien fondu, on essuie bien le goulot de la bouteille pour qu'il n'y reste ni sable ni eau et on le trempe d'environ six lignes, puis on le retire presqu'aussitôt et on laisse un peu refroidir le goudron avant de placer la bouteille sur son cul.

Du rangement des bouteilles.

Lorsqu'on veut conserver du vin pendant long-temps, on place les bouteilles dans du sable ou de la paille. Dans le premier cas, on forme une espèce de caisse dans un des coins de la cave avec de larges planches, on commence par mettre dans le fond une bonne couche de sable sur laquelle on place un rang de bouteilles, le plus serré possible ; puis on étend par dessus une autre couche de sable et un rang de bouteilles et ainsi de suite : on peut ainsi en entasser jusqu'à la hauteur de trois à quatre pieds, mais pas au-delà.

Pour ranger les bouteilles dans la paille on n'a pas besoin de caisse comme pour le sable, on n'a qu'à étendre contre un mur de la paille longue, sur laquelle on place une rangée de bouteilles, et par dessus une couche mince de paille, puis une rangée de bouteilles, et ainsi de suite. Pour empêcher les bouteilles des extrémités de rouler, on relève sur elles la paille de dessous qui doit toujours dépasser : par ce moyen, la pile de bouteilles est très solide.

Le plus souvent on ne se sert ni de paille ni de sable, et l'on couche simplement un rang de bouteilles contre un mur, en leur plaçant à toutes le cul du même côté ; cela fait on couche une latte sur les goulots et on superpose un second rang de bouteilles en leur plaçant à toutes le dessus du goulot des autres, puis on place une autre latte sur les goulots de ce second rang, puis un rang de bouteilles et ainsi de suite. On peut en placer de la sorte, jusqu'à la hauteur de trois pieds sans risquer d'écraser celles de dessous.

Des caves.

Une des principales conditions pour la conservation du vin, c'est qu'il soit placé dans une bonne cave, sans cela il est bien difficile de le conserver long-temps. Une bonne cave doit toujours conserver la même température, l'humidité doit y être constante, mais sans excès; la lumière doit y pénétrer par des soupiraux qui permettent aussi le renouvellement de l'air, ce qui est très utile, car sans cela, les cercles pourrissent très promptement et les tonneaux finissent par éclater, ou bien le vin prend un goût de moisi, et tous les tonneaux vides se gâtent en très peu de temps. Lorsqu'une cave est trop sèche, les pièces se tourmentent, les douves se disjoignent et le vin finit par couler.

Lorsqu'une cave n'est pas creusée assez profondément pour la préserver des changements de température, il faut avoir soin de fermer les soupiraux pendant les grands froids et pendant les grandes chaleurs.

Toutes les caves doivent être voûtées et éloignées le plus possible des lieux où l'on produit des chocs brusques et souvent réitérés qui ébranlent sans cesse les pièces et en détachent la lie qui se trouve ainsi toujours mêlée avec le vin, auquel elle fait éprouver une nouvelle fermentation, et le vin finit par tourner; c'est pour cette raison que les caves sur la rue sont bien inférieures à celles qui se trouvent reculées : il y a même certaines caves où l'on ne peut pas conserver le vin, à cause du grand nombre de voitures qui, par les agitations qu'elles impriment au sol, troublent sans cesse les vins.

Une cave doit, autant que possible, avoir ses ouvertures du côté du nord; mais si on ne peut pas remplir cette condition, il faut élever de petits murs de pierres ou de gazons en avant des soupiraux, pour que le soleil n'y pénètre jamais.

Le sol de la cave doit être battu et uni, pour que les bouteilles s'y tiennent facilement droites, lorsqu'on met le vin en bouteilles.

Le jardinage, le bois vert, les fleurs, les fruits, etc., ne doivent point entrer dans les caves destinées à recevoir du vin; les gaz qui se dégagent de ces diverses substances, provoquent tôt ou tard l'acescence du vin.

LIVRE DEUXIÈME.

Des substances qui peuvent entrer dans la composition des boissons économiques.

On a déjà signalé un grand nombre de fruits, de racines, de produits végétaux ou animaux, etc., propres à entrer dans la composition des vins de fruits, des boissons économiques et de ménage, et avec quelque attention on pourrait encore en indiquer beaucoup d'autres auxquels on n'a pas songé encore jusqu'à présent. Afin néanmoins de guider les cultivateurs, les petits ménagers et les personnes économes dans le choix des boissons qu'ils peuvent préparer, nous allons leur présenter par ordre alphabétique, avec quelques indications sommaires, les principales substances qui peuvent servir à cet usage.

Abricots.

L'abricotier (*armeniaca vulgaris L.*) est un arbre originaire de l'Arménie, appartenant à la famille des rosacées (icosandrie monogynie) et dont on peut citer les variétés suivantes comme les plus méritantes.

L'abricot commun très productif et très bon quand l'arbre est bien cultivé, *l'abricot alberge* excellent pour les confitures, *l'abricot-pêche* à chair jaune rouge, *l'abricot musch* à chair fine et agréable, le *gros musch* à fruit parfumé.

Acacia.

Voyez au mot *Robinier*.

Airelle.

L'airelle anguleuse ou myrtille (*vaccinium myrtillus. L.*)

est un arbuste indigène de 60 centimètres de hauteur, de la famille des Bruyères (octandrie monogynie) qui donne une baie semblable à celle du myrte, d'un bleu noirâtre, qui se mange ou se confit, mais qu'on peut faire servir aussi à la fabrication des vins de fruits. On en connaît plusieurs espèces dont les baies sont également douces : nous citerons entre autres l'airelle pointue (*vaccinium vitis idea*) et l'airelle canneberg ou coussinette (*vaccinium oxycoccos*), et enfin l'airelle du Canada (*vaccinium macrocarpon*).

Acide citrique.

Chacun sait qu'on extrait du suc des citrons un acide d'un goût agréable auquel on a donné le nom d'acide citrique. Cet acide qu'on peut extraire aussi des groseilles et de quelques autres fruits, se trouve aujourd'hui à bon compte dans le commerce et sert à préparer à la minute des limonades qu'on aromatise par un moyen quelconque. On peut aussi en faire usage pour remplacer dans la fabrication de certaines boissons économiques l'acide tartrique ; sa saveur plus agréable et plus douce le rend très propre à cet objet.

Acide tartrique.

Voyez l'article tartre.

Alisier.

L'alisier blanc ou alouchier (*cratægus aria L.*) arbre de la famille des rosacées (icosandrie digynie) dont on mange les fruits après qu'ils sont mûris sur la paille et qui peuvent servir à fabriquer une boisson. Il y en a une variété dite *alouchier de Bourgogne* dont les fruits sont aussi comestibles.

ALCOOL.

L'alcool, auquel on a donné aussi le nom *d'eau-de-vie*, *d'esprit-de-vin*, *d'esprit ardent*, etc, est un produit qui se forme pendant l'acte de la fermentation des liqueurs qui renferment du sucre, et ce sont les opérations au moyen desquelles on l'extrait de ces liqueurs, qu'on appelle distillation et rectification, opérations qui se pratiquent en grand dans le midi de la France sur les vins, et dans le nord sur les grains et les pommes de terre.

L'alcool pur est un liquide incolore très-fluide, plus-subtil que l'eau, d'une odeur faible, mais agréable, d'une saveur acre et brûlante qui diminue à mesure qu'on l'étend d'eau.

Sa pesanteur spécifique à la température de 15° est de 0,7947, celle de l'eau au maximum de densité, étant prise pour unité ; à 17° elle est égale à 0,79235 ; à 20° égale à 0,791 et à 78° 41 égale à 0,75869.

La chaleur spécifique de l'alcool pur est 0,52.

L'alcool bout sous la pression de 0^m. 76 à la température de 78°,41. Un volume d'alcool bouillant donne 488,3, volume de vapeur à 100° c.

M. Gay-Lussac a constaté que la densité de la vapeur d'alcool était 1,60133 ou 1,6011 d'après sa composition. Enfin, la chaleur latente de sa vapeur est à celle de l'eau comme 331, 9 est à 531.

On décompose l'alcool à une température élevée en produits gazeux, qui paraissent se réduire à des volumes égaux d'hydrogène, d'hydrogène demi-carboné et d'oxyde de carbone. C'est en le décomposant ainsi qu'on a trouvé qu'il était formé de :

8 atômes de carbone. . . .	306.08 =	52.67
12 — Hydrogène. . . .	75.00 =	12.90
2 — Oxygène.. . . .	200.00 =	34.43
1 atôme alcool. . . .	581.08 =	100.00

ou en d'autres termes :

4 volumes hydrogène bi-carboné.	356.08 =	61.27
4 — eau.	225.00 =	38.73
4 volumes d'alcool. . . .	581.08 =	100.00

L'alcool à des températures basses n'éprouve aucune altération au contact de l'air ; mais il absorbe l'humidité que celui-ci renferme et s'affaiblit peu à peu. A une température élevée (100 à 120° c.), il éprouve une combustion lente qui le transforme en acide acétique.

L'alcool a une très-grande affinité pour l'eau, et il se dégage un peu de chaleur quand on le mélange à ce liquide. Il y a au contraire production de froid quand on le mêle avec de la neige ou de la glace.

En mêlant l'alcool avec de l'eau, il y a une contraction qui augmente peu à peu jusqu'à ce que le mélange se trouve composé de 100 parties d'alcool et 116,23 parties d'eau. A partir de ce point la contraction produite par de nouvelles additions d'eau devient de plus en plus faible et se change même en une dilatation apparente. La contraction absolue de l'alcool diminue avec la température.

La volatilité ainsi que la dilatation de l'alcool par la chaleur diminuent quand on le mélange avec l'eau. L'alcool aqueux, quand on le distille, est toujours plus riche que celui qui reste dans le vase distillatoire, et la température à laquelle la liqueur bout s'élève peu à peu.

L'alcool qu'on trouve dans le commerce est rarement de l'alcool absolu, mais il est étendu d'une plus ou moins grande quantité d'eau et sous cette forme porte les noms d'esprit, d'eau-de-vie, etc.

Autrefois, par la distillation des vins, on ne préparait que deux espèces d'alcool faible; l'un, marquant environ 18 à 20 degrés, et connu encore dans le commerce sous le nom de *preuve de Hollande*, et l'autre, de 22 à 23, sous celui de *preuve d'huile*. Maintenant, avec le secours de nouveaux appareils distillatoires, on en obtient qui marquent depuis 28 jusqu'à 38 degrés. Dans les laboratoires de chimie, pour l'obtenir au plus haut point de rectification, on l'agite avec du chlorure de calcium en poudre et bien sec; au bout de un à deux jours, on distille à une douce chaleur, en observant de fractionner les produits; la première moitié est un alcool très-concentré, ou *absolu*, qui marque 44 degrés, et dont le poids spécifique, à 20 cent., est, suivant Richter, de 0,792, et selon Gay-Lussac, de 0,792°35 à 17°88.

La preuve de Hollande marque 18 degrés à l'aréomètre de Cartier.

La preuve d'huile. . . . . . 22 degrés.

Le degré de la première est celui auquel se trouve l'eau-de-vie pour boisson; il ne varie que d'environ 1 à 2 degrés au-dessus.

Le 5/6 marque 22 1/2 ajoutez-y : 1/5 de son poids d'eau pour avoir l'eau-de-vie preuve

Le 5/9 — 30 1/3 — 4/5 de Hollande.

Le 3/4 marque	25	ajoutez-y : 1/3	de son poids d'eau pour avoir l'eau-de-vie preuve de Hollande.
Le 3/5 —	29	— 2/3	
Le 3/6 —	34	poids égal.	
Le 3/7 —	36	— 4/3	
Le 3/8 —	38	— 5/3	
Le 4/5 —	23	— 1	
Le 4/7 —	30	— 4/5	
Le 6/11 —	32	— 5/6	
Le 2/3 —	23	— 1/4	

Aréomètres, ou pèse-esprits. — Ces instrumens sont basés sur ce principe que plus l'alcool est concentré ou rectifié, plus il est léger, et moins il est propre à supporter cet instrument, qui doit s'y enfoncer d'autant plus que la liqueur est plus riche en alcool. Mais comme le calorique dilate tous les liquides, on doit tenir compte de la température de l'alcool, parce qu'il est bien démontré que ces liquides ainsi dilatés occupent un plus grand volume et diminuent ainsi de poids spécifique ; il est donc évident que l'instrument doit alors s'enfoncer d'autant plus dans la liqueur, que sa température sera plus élevée, sans cependant que sa spirituosité soit plus forte. On a obvié à cet inconvénient, en tenant compte du degré alcoométrique et du degré thermométrique, et l'on a même dressé des tables de correction très-utiles. Nous en donnerons un exemple.

L'aréomètre de Beaumé a été longtemps le seul employé ; il l'est même encore dans beaucoup d'endroits ; c'est ce qui nous engage à le faire connaître.

Aréomètre de Beaumé. — Tout le monde connaît la nature et la forme des pèse-liqueurs ; nous n'aurons donc à parler que du principe sur lequel est fondé celui de Beaumé.

On fait une solution de 10 parties de chlorure de sodium (sel marin) dans 90 parties d'eau distillée, et on y plonge l'aréomètre ; on marque 0 le point jusqu'où il est enfoncé ; on le porte ensuite dans l'eau distillée, et l'on marque également le point d'affleurement qu'on nomme 10 ; l'on divise alors les deux affleurements par 10 parties égales que l'on continue de porter avec compas jusqu'au haut de la tige.

La table suivante donne la correspondance entre les degrés du pèse-esprit de Beaumé, et le poids spécifique des liquides, la température étant entre 13, 5 et 15, 5.

ALCOOL.

Degrés de l'aréomètre B.	Poids spéc. corresp.
50	0,782
49	0,787
48	0,792
47	0,796
46	0,800
45	0,805
44	0,810
43	0,814
42	0,820
41	0,823
40	0,828
39	0,832
38	0,837
37	0,842
36	0,847
35	0,852
34	0,858
33	0,863
32	0,868
31	0,873
30	0,878
29	0,884
28	0,889
27	0,895
26	0,900
25	0,906
24	0,911
23	0,917
22	0,923
21	0,929
20	0,935
19	0,941
18	0,948
17	0,954
16	0,971
15	0,967
14	0,974
13	0,980
12	0,987

ALCOOL.

Degrés de l'aréomètre B.   Poids spéc. corresp.
11 0,993
10 1,000

La formule suivante, que nous empruntons à M. Francœur, donnera la correspondance du poids spécifique d'un liquide avec son degré au pèse-esprit de Beaumé. Les résultats qu'on obtient diffèrent de ceux donnés par la table.

Soit p le poids spécifique, et d le degré du pèse-esprit, on a

$$p = \frac{146}{163 + d}$$

Supposons, par exemple, qu'on demande le poids spécifique d'un liquide marquant 30 au pèse-esprit ; ici d égale 39, et la formule qui devient

$$p = \frac{146}{136 + 30} = \frac{146}{166}.$$

donne pour résultat 0,8795, au lieu de 0,8780, donné par notre table. Comme on se trouve souvent obligé de convertir les degrés de l'aréomètre de Beaumé et ceux de l'aréomètre de Cartier, et réciproquement, nous donnerons la relation suivante entre ces deux instruments.

Soit C le nombre de degrés de Cartier.

B, celui correspondant de Beaumé, on a

$$16\,C = 15\,B + 22$$

Ceci nous conduit naturellement à parler de l'aréomètre de Cartier, qui est très-employé.

Aréomètre de Cartier.

Cet instrument se compose d'une boule de verre, creuse, renfermant un peu de mercure qui sert de lest à l'instrument, et surmontée d'une tige aussi de verre, et creuse, dans laquelle est enfermée une échelle graduée. Le lest est calculé de manière à ce que l'instrument étant plongé dans l'eau pure, n'en déplace qu'un très-petit volume, et n'y enfonce que jusqu'à la naissance de la tige ; ce point qui sert de base à l'échelle, est marqué par dix degrés : si on le plonge ensuite dans un liquide beaucoup plus léger que le premier, dans de l'alcool de plus pur que l'on soit parvenu à obtenir, l'instrument ayant beaucoup moins de peine à le déplacer, y enfoncera presque jusqu'au haut de la tige. Ce point, qui est le plus élevé de l'échelle, est marqué par quarante-deux, et l'espace intermédiaire entre celui-ci et celui d'en bas est partagé en 32 portions égales.

En sorte que toutes les fois qu'on plonge le pèse-liqueur dans un liquide spiritueux, c'est-à-dire dans un mélange d'eau et d'alcool pur, il s'y enfoncera d'autant plus que la pesanteur spécifique du mélange, comparée à celle de l'eau sera moins considérable. Or, comme la pesanteur spécifique de l'alcool à quarante-deux, par exemple, est à celle de l'eau comme sept cent quatre-vingt-douze est à mille, il s'ensuit que plus la liqueur contiendra d'alcool, plus elle marquera un degré élevé sur l'échelle de l'aréomètre, parce qu'elle sera en même temps spécifiquement plus légère.

On entend par pesanteur spécifique d'un liquide, ou de tout autre corps, le poids comparé au volume : ou autrement, le poids d'un volume donné de ce corps, comparé à celui d'un égal volume d'un corps de nature différente. Par conséquent, la pesanteur spécifique d'un corps est plus grande que celle d'un autre, lorsque sous un même volume il pèse plus que lui.

Ainsi, lorsque l'on dit que la pesanteur spécifique de l'alcool 3/6 est à celle de l'eau dans la proportion de huit cent quarante à mille, cela signifie qu'un litre ou un décimètre cube d'eau pesant mille grammes, un litre ou un décimètre de cet alcool n'en pèse que huit cent quarante.

La connaissance de la pesanteur spécifique est le seul moyen de découvrir la quantité réelle d'alcool contenue dans un mélange d'alcool et d'eau ; il suffit pour cela de multiplier le nombre mille, valeur en centimètres cubes du litre d'eau, par la différence entre la pesanteur spécifique du litre d'eau ; et diviser le produit par la différence entre la pesanteur spécifique du litre d'alcool, comme point de comparaison, et celle d'un pareil volume d'eau.

Supposant donc que l'on veuille savoir combien d'esprit contient un mélange marquant seize degrés au pèse-liqueur, sachant que la pesanteur spécifique de ce mélange est comme neuf cent cinquante-huit est à mille, on multipliera mille par mille moins neuf cent cinquante-huit, c'est-à-dire par quarante-deux; on divisera le produit quarante-deux mille par mille moins sept cent quatre-vingt-douze, ou deux cent huit; et le quotient 201 102/258 indiquera qu'un litre d'eau-de-vie à seize degrés contient un peu moins de deux cent deux centimètres cubes, ou millilitres d'esprit à quarante degrés, et un peu plus de sept cent quatre-vingt-dix-huit millilitres d'eau.

Si l'on veut maintenant évaluer au poids cette quantité d'alcool, sachant que le litre d'eau vaut mille centimètres et pèse un kilogramme ou mille grammes, on comprendra aisément que les sept cent quatre-vingt-dix-huit centimètres d'eau trouvés, pèsent sept cent quatre-vingt-dix-huit grammes; or, soustrayant cette quantité de neuf cent cinquante-huit, poids total du litre de mélange, on aura cent soixante grammes pour le poids d'alcool à quarante-deux degrés qu'il contient.

Ces calculs sont extrêmement faciles pour les personnes munies du pèse-liqueur comparatif à la pesanteur spécifique; mais il n'en serait pas de même pour les personnes privées de cet instrument, si elles ne trouvaient ci-après un tableau destiné à en tenir lieu.

Les personnes les moins instruites en physique n'ignorent pas que chaque variation de température apporte des changements notables dans le volume de tous les corps, c'est-à-dire qu'ils se dilatent par la chaleur, et se resserrent par le froid.

Les liqueurs spiritueuses étant, comme tous les autres corps, soumises à cette loi immuable, il est clair que leur titre ne sera plus le même quand elles passeront d'une température à une autre. En effet, puisque neuf cent quatorze grammes d'eau-de-vie à vingt-deux degrés occupent, à la température de dix degrés, la capacité d'un décimètre cube, la même quantité augmentera de volume à mesure que la température s'élèvera : or, comme cette augmentation ne pourra avoir lieu qu'aux dépens de la pesanteur spécifique de l'eau-de-vie, c'est-à-dire que celle-ci diminuera dans la même proportion, et le pèse-liqueur plongeant d'autant plus que la liqueur est plus légère, l'eau-de-vie marquera un degré plus élevé que celui qu'elle doit réellement avoir, à mesure que la température augmentera.

L'expérience a appris que chaque variation de température de cinq degrés Réaumur donne à l'alcool un degré de plus ou de moins du pèse-liqueur de Cartier. Il faut à peu près 10° pour l'eau-de-vie de commerce. Pour obvier aux inconvénients graves qui résulteraient de ces phénomènes, on stipule, dans les transactions commerciales, que le titre de l'eau-de-vie sera pris au *tempéré*, c'est-à-dire sous la température de dix degrés Réaumur. C'est cette température moyenne qui a servi de base à la graduation de l'échelle du pèse-liqueur de Cartier.

En sorte qu'une eau-de-vie qui marquerait vingt-quatre degrés, ou neuf cents de pesanteur spécifique, le thermomètre étant à vingt Réaumur, n'aurait réellement que vingt-trois degrés, et peserait neuf cent sept grammes au litre. Le contraire aurait lieu à la température de la glace fondante, c'est-à-dire qu'alors cette même eau-de-vie ne donnerait que vingt-deux degrés au pèse-liqueur, quoiqu'il en eût réellement vingt-trois.

Mais ce n'est pas tout : puisque ces variations accidentelles, dans le titre des eaux-de-vie, ne sont que le résultat des variations de volume qu'elles éprouvent, il est évident que l'homme qui croira acheter, le thermomètre étant à vingt degrés, cent litres pleins d'eau-de-vie réduite à son taux réel de vingt-deux degrés, n'aura pas encore son compte, puisqu'elle diminuera de volume à mesure que le thermomètre baissera. Cette diminution peut être évaluée à neuf millièmes, ou près de un pour cent pour dix degrés de température. Mais dans le commerce, on n'est pas dans l'usage de tenir compte de ces différences, et c'est tant pis pour l'acheteur s'il prend livraison dans un moment trop chaud.

La manière de faire usage du pèse-liqueur consiste à le plonger dans l'éprouvette qui lui sert d'étui, après qu'on l'a remplie de la liqueur à essayer ; quand on opère en grand, on plonge le thermomètre dans le tonneau qui la contient. Le chiffre où l'instrument s'enfonce est le degré aréométrique de la liqueur, ou, si l'on veut, son degré de spirituosité. Mais comme on est convenu de prendre sa température à 10 R., on doit ajouter ou déduire un degré au pèse-liqueur, pour 5 ou 10 degrés en plus ou en moins du thermomètre.

Table des pesanteurs spécifiques des eaux-de-vie de divers degrés.

Degrés de l'aréomètre.	Poids spéc. en grammes
10.	1,000
11.	1,000
12.	0,990
13.	0,981
14.	0,973
15.	0,965
16.	0,958
17.	0,950
18.	0,943
19.	0,935
20.	0,928
21.	0,921
22.	0,914
23.	0,907
24.	0,900
25.	0,893
26.	0,886
27.	0,880
28.	0,873
29.	0,867
30.	0,861
31.	0,855
32.	0,848
33.	0,842
34.	0,836
35.	0,831
36.	0,825
37.	0,820
38.	0,814
39.	0,808
40.	0,802
41.	0,797
42.	0,792

Cette table nous semble plus facile à consulter que la précédente ; elle nous paraît d'ailleurs très-bien calculée. Ainsi le degré 42 indique l'alcool absolu exprimé pour le poids spécifique 0,792 qui est celui qui a été indiqué par Richter, à la température de 20°c. et par Gay-Lussac, à celle de 17°88.

TABLEAU *du mélange de l'alcool et de l'eau pour faire des alcools et des eaux-de-vie d'un degré et d'un poids spécifique déterminés.*

ALCOOL à 37 degrés B, mêlé à de l'eau distillée dans la proportion de	DONNE A 10 DEGRÉS de température, un alcool marquant à l'aréomètre.	DONNE, à 15 degrés de température, un alcool marquant.	POIDS spécifique.	POIDS DU MÈTRE CUBE.
ALCOOL. 62 gram. sur eau 918 gram.	12°	12°	9,919	991 kil. 90 gram.
125 — 856	13	13	9,852	985 — 20
185 — 795	14	14	9,794	979 — 10
250 — 735	15	15 1/4	9,753	973 — 30
310 — 675	16 1/2	16 1/2	9,674	967 — 40
370 — 612	17 1/4	18	9,598	959 — 80
430 — 560	19	19 1/2	9,519	951 — 90
500 — 500	20 1/2	21	9,427	942 — 70
560 — 450	22	23	9,317	931 — 70
612 — 370	24	25	9,199	919 — 90
673 — 310	26	27	9,075	907 — 50
735 — 250	28 1/2	29	8,947	894 — 70
795 — 185	31	32	8,815	881 — 50
856 — 125	33	34	8,674	867 — 40
918 — 62	36	37	8,527	852 — 70

Alcoomètre centésimal de M. Gay-Lussac.

Pour déterminer la quantité d'alcool d'une liqueur spiritueuse, Gay-Lussac a pris pour terme de comparaison l'alcool pur, en volume, à la température de 15° c. ou 12 R; et il représente la force par 100 *centièmes* ou par l'unité. En conséquence la force d'un liquide alcoolique est le nombre de centièmes, en volume d'alcool pur, que ce liquide renferme à la température de 15° c.

L'instrument que M. Gay-Lussac nomme alcoomètre centésimal est, quant à la forme, un aréomètre ordinaire ; il est gradué à la température de 15° c. Son échelle est divisée en 100 parties ou degrés, dont chacune représente un centième d'alcool. Plongé dans un liquide spiritueux à 15° c., il en fait connaître aussitôt *la force*. Par exemple, si, dans une eau-de-vie à 15° c., il s'enfonce jusqu'à la division 60, il annonce qu'elle contient 60 centièmes de son volume d'alcool pur ; s'il s'enfonçait jusqu'à 80, il en indiquerait 80 centièmes, etc., les degrés de cet alcoomètre indiquant des centièmes d'alcool en volume. M. Gay-Lussac les nomme *degrés centésimaux*, et il les écrit en plaçant, à droite et au-dessus du nombre des unités qui les exprime, la lettre c, initiale du mot centésimal.

La quantité d'alcool, contenue dans un liquide spiritueux, s'obtient de suite, d'après l'indication de l'instrument, en multipliant le nombre qui exprime le volume du liquide spiritueux par la force ; et pour l'exemple, une pièce d'eau-de-vie de 650 litres de la force de 60 cent. à 15°.

$$\begin{array}{r} 650 \\ 0,60 \\ \hline 390,00 \end{array}$$

390 lit. d'alcool pur.

Supposez une pièce d'esprit de 788 litres de la force de 86, 5, ou de 865.

$$\begin{array}{r} 788 \\ 0,865 \\ \hline 3940 \\ 4728 \\ 6304 \\ \hline 681,620 \end{array}$$

La valeur est donc de 681 litres 62 centilitres d'alcool pur.

Quand la liqueur spiritueuse n'est pas à la température de 15°, on y ramène l'échantillon sur lequel on veut opérer, soit avec la main, soit en le plongeant dans une eau chauffée ou refroidie ; mais il est bien plus facile de se servir des tables que M. Gay-Lussac a établies, qui font partie de l'instruction qu'il a publiée.

Quand la température du liquide spiritueux soumis à l'alcoomètre est au-dessus ou au-dessous de 15°, il faut chercher à trouver ce que cet instrument marquerait si elle était à ce degré de température de 15°. La table de la force du liquide spiritueux en donne le moyen. La première colonne de chaque page renferme les températures des liquides spiritueux depuis 0° jusqu'à 30°, et la première ligne horizontale, les indications de l'alcoomètre.

Supposons maintenant une eau-de-vie dont la force apparente, indiquée par l'instrument, est de 48 à la température de 0°, quelle en sera la force réelle à 15° c ? On trouve, à l'endroit où se coupent la colonne verticale 48 et la ligne horizontale 0°, le nombre 53, 5 qui est la force réelle de l'eau-de-vie, si, au lieu de 0°, elle était à 15° c. Admettons maintenant qu'une autre eau-de-vie, au lieu d'être à 0°, soit à 27, et qu'elle marque également 48 à l'alcoomètre ; on trouvera de même à l'endroit où se coupent la ligne horizontale 27 et la colonne verticale 48, le nombre 43, 4 degrés centésimaux pour la véritable force de cette eau-de-vie.

Si, au lieu d'une eau-de-vie, l'on essaie un esprit dont la force apparente soit de 82, à la température de 4°, le nombre 85,1, placé en même temps dans la colonne verticale 82, et dans la ligne horizontale 4°, sera l'expression de sa véritable force.

Quand la force et la température observées sont exposées en nombre fractionnaire, voici les règles à suivre :

Pour la force : Négligez d'abord la fraction de la force apparente observée ; cherchez ensuite la force réelle correspondante au nombre entier, et au résultat ajoutez la fraction.

Pour la température : Prenez le nombre entier le plus près du nombre fractionnaire observé. Voici un exemple de la première règle :

L'alcoomètre indiquant 48°,4 pour la force apparente d'une eau-de-vie, à la température de 22°, quelle en est la force réelle ?

On cherche d'abord la force réelle correspondante à 48° en négligeant la fraction 0°3; on trouve
qu'elle est   45, 3
On ajoute ensuite la fraction   0, 4

On a donc pour la force réelle demandée : 45° c. 7

Voici maintenant la deuxième règle :

Si la température observée est de 18° 7, on prend 19, si elle est de 7° 3, on prend seulement 7°. On opère ensuite comme si elle était de 19 ou de 17.

Application des deux règles. — La force apparente d'un esprit, à la température de 23° 4, étant de 86°7, quelle est la force réelle ?

Au lieu de prendre 23°4, on prend seulement 23°, et au lieu de 86° 7, on prend 86. Dans cette supposition, la force réelle de l'esprit est de 83°8; mais l'on ajoute ensuite 0° 7, et elle devient 84°5.

En procédant ainsi, l'on ne commettra pas une erreur qui s'élève, en général, au-delà de 1/6 de degré de l'alcoomètre, et que, par conséquent, on ne puisse bien régulariser. Pour plus d'exactitude, il faut prendre les parties proportionnelles.

M. Marozeau a soumis l'alcoomètre de M. Gay-Lussac à quelques expériences qui lui ont permis d'indiquer les densités qui correspondent à ses divers degrés. Voici le tableau qu'il a dressé pour servir de terme de comparaison.

TABLEAU *des densités des liqueurs alcooliques pour chacun des degrés de l'alcoomètre centésimal.*

DEGRÉS DE L'ALCOOL.	DENSITÉS.	DEGRÉS DE L'ALCOOL.	DENSITÉS.	DEGRÉS DE L'ALCOOL.	DENSITÉS.
0	1,000	34	0,962	67	0,899
1	0,999	35	0,961	68	0,896
2	0,997	36	0,960	69	0,893
3	0,996	37	0,959	70	0,891
4	0,994	38	0,958	71	0,888
5	0,993	39	0,957	72	0,886
6	0,992	40	0,956	73	0,884
7	0,990	41	0,955	74	0,881
8	0,989	42	0,954	75	0,879
9	0,988	43	0,952	76	0,876
10	0,987	44	0,950	77	0,874
11	0,986	45	0,948	78	0,871
12	0,984	46	0,946	79	0,868
13	0,983	47	0,944	80	0,865
14	0,982	48	0,942	81	0,863
15	0,981	49	0,940	82	0,860
16	0,980	50	0,938	83	0,857
17	0,979	51	0,936	84	0,854
18	0,978	52	0,934	85	0,851
19	0,977	53	0,932	86	0,848
20	0,976	54	0,930	87	0,845
21	0,975	55	0,927	88	0,842
22	0,974	56	0,925	89	0,838
23	0,973	57	0,923	90	0,835
24	0,972	58	0,921	91	0,832
25	0,971	59	0,919	92	0,829
26	0,970	60	0,917	93	0,826
27	0,969	61	0,915	94	0,822
28	0,968	62	0,912	95	0,818
29	0,967	63	0,909	96	0,814
30	0,966	64	0,907	97	0,810
31	0,965	65	0,905	98	0,805
32	0,964	66	0,902	99	0,800
33	0,963			100	0,795

Anis vert.

Le boucage anis, *pimpinella anissum*, est une plante annuelle, de la famille naturelle des ombellifères, dont la tige, haute de 33 centimètres, porte des fleurs blanches et petites qui produisent des fruits ovoïdes, striés longitudinalement, légèrement pubescents et blanchâtres.

L'anis est originaire du Levant, de l'Egypte et de l'Italie; on le cultive en grand, surtout dans les environs de la ville de Tours.

Le fruit ou graine a une saveur sucrée aromatique, chaude, très-agréable. On en retire une huile volatile, qui est presque toujours concrète, d'un jaune verdâtre.

Amandes.

Les amandes sont les fruits de l'amandier (*amygdalus communis L.*), arbre originaire de la Haute Asie, de la famille des rosacées (icosandrie monogynie).

Les amandes sont douces ou amères, et ce sont ces dernières qu'on introduit le plus communément dans les boissons. Les amandes amères renferment une petite quantité d'un acide particulier appelé acide hydrocyanique ou cyanhydrique, très odorant, d'une saveur d'abord fraîche, puis brûlante, qu'on reconnaît très bien quand on mange ces fruits. On profite de l'existence de cet acide dans les amandes pour aromatiser ou donner une saveur propre à quelques liqueurs et à des boissons. Cet acide se retrouve aussi dans un état de combinaison dans les feuilles du laurier cerise (*prunus laurocerasus*), les amandes de cerises noires (*prunus avium*), les feuilles, les fleurs et les amandes du pêcher, etc.; toutes substances qu'on peut introduire dans les boissons pour l'usage indiqué.

Ambre gris.

Substance aromatique concrète d'une couleur grise, mêlée de noir et de jaune, d'une odeur suave mais pénétrante, qu'on trouve particulièrement à la surface de la mer dans les Indes, qu'on peut employer en très petite quantité, suivant M. Accum, comme arôme fort agréable dans les boissons économiques.

Arbousier.

L'arbousier commun ou des Pyrénées, arbre aux fraises

(*arbutus unedo L.*), est un arbrisseau de 1 mètre de hauteur, toujours vert, et qui fait partie de la famille des bruyères (icosandrie monogynie). Ses fruits semblables aux fraises pour la forme, ont un goût fade, mais on peut en préparer au besoin une boisson salubre.

Aubépine.

Le néflier aubépin, épine blanche, aubépine, noble épine (*mespilus oxiacantha*), arbre indigène de la famille des rosacées (icosandrie trigynie), dont on fait surtout des haies, et dont le fruit est susceptible d'entrer en fermentation et de donner une boisson.

Avoine.

L'avoine (*avena sativa L.*), graminée de la famille des céréales (triandrie digynie), qu'on fait macérer parfois avec l'orge germée pour en préparer des moûts sucrés qu'on fait fermenter, et qui donnent des boissons alcooliques.

Azerolier.

Le néflier azerolier ou de Naples, épine d'Espagne (*mespilus azarolus*), est un arbre de la famille des rosacées (icosandrie digynie), naturalisé dans le midi de la France où il fournit un fruit qu'on y nomme *pommette*, qu'on mange volontiers et qu'on peut faire macérer dans l'eau pour en préparer un moût sucré et qui est susceptible de fermenter.

Betterave.

La betterave (*beta vulgaris L.*), est une plante bisannuelle de la famille des atriplicées de Jussieu (pentandrie digynie de *Linnée*). On en connaît plusieurs variétés qui sont :

1° La *grosse rouge* qui est celle qu'on cultive principalement en Europe dans les exploitations agricoles ;

2° La *petite rouge* qui est d'une culture moins avantageuse ;

3° La *ronde rouge* qui est plus précoce que les précédentes ;

4° La *jaune*, contenant une plus grande quantité de sucre que les betteraves rouges ;

5° La *blanche* qu'on ne cultive guère que pour les besoins domestiques;

6° La *betterave champêtre* ou *racine de disette* qui ne figure, la plupart du temps, que dans les grandes cultures, et qu'on destine principalement à la nourriture du bétail;

7° Enfin la *jaune à chair blanche* qu'on considère comme étant la plus avantageuse pour l'extraction du sucre.

Tout le monde sait aujourd'hui que la betterave renferme une quantité notable de sucre identique avec le sucre de canne, et qu'on extrait aujourd'hui en abondance dans un grand nombre de fabriques de l'Europe. Par suite de sa composition, le jus de la racine de betteraves est donc susceptible de fournir une liqueur fermentée qui, combinée avec d'autres substances, peut procurer une boisson salubre et économique qui convient principalement dans les campagnes.

Bigareaux.

Voyez l'article *Cerises*.

Bigaradiers.

Voyez l'article *Oranges*.

Blé.

Voyez l'article *Froment*.

Brugnons.

Voyez l'article *Pêches*.

Buglose.

La buglose (*anchusa officinalis L.*), suivant François de Neufchâteau (*Théâtre d'agriculture d'Olivier de Serres*, t. II, p. 805), peut fournir des sucs propres à faire de bons vins.

Cannelle.

La cannelle est l'écorce dépouillée de l'épiderme du laurier cannelier, *laurus cinnamonum*, (Lin. ennéand. monog.), famille des laurinées. Cet arbre paraît être originaire de Ceylan, où il est très commun, et surtout aux environs de Colombo; il est aussi indigène de la Cochinchine, de

Sumatra, du Malabar, des îles orientales de l'Océan indien, du Brésil, de l'Ile-de-France, etc. La hauteur de cet arbre ne dépasse guère de 8 à 10 mètres; son tronc est effilé; les feuilles, opposées et disposées par paires, ont des pétioles courts et canaliculés; elles sont oblongues, pointues et à trois nervures; leur saveur est âcre et brûlante. Les fleurs sont blanches, inodores et en panicules qui terminent les tiges; le fruit est une baie ovale, qui a une odeur térébenthinacée; de la racine partent un grand nombre de rejetons.

On connaît plusieurs variétés de cet arbre qui produisent des cannelles plus ou moins vantées, indépendamment de leur culture, de leur exposition et de l'âge des arbres. Les plus estimées sont :

1° *La cannelle de Ceylan.*

Cette cannelle, telle qu'elle se trouve dans le commerce, est en paquets très longs, composés d'écorces très minces, entièrement roulées les unes dans les autres; sa couleur est d'un brun un peu jaune; son odeur est particulière et très suave; sa saveur sucrée, chaude, piquante et aromatique; elle est très cassante et se réduit très facilement en poudre; c'est la plus recherchée; elle doit son odeur à une huile volatile très estimée. On connaît à Ceylan plusieurs variétés de cet arbre : Seba en a décrit dix. On assure cependant qu'on n'exploite que les quatre suivantes :

1° La *cannelle miellée* ou *cannelle royale*; c'est l'espèce la meilleure; les naturels la nomment *rase curundu*;

2° La *cannelle serpent*, en langage du pays, *nai curundu*;

3° La *cannelle camphrée*; elle a l'odeur du camphre, et la racine en donne par la distillation; les naturels lui donnent le nom de *capura curundu*. Il paraît que c'est le *laurus camphora*, Lin.

4° La *cannelle amère*; elle est astringente et ses feuilles sont plus petites. On l'appelle *cahatte curundu*.

2° *La cannelle de la Chine.*

Cette espèce, quoique fort bonne, est cependant inférieure à la précédente; les écorces sont plus épaisses, beaucoup plus rougeâtres, plus denses, plus rudes, et la cassure plus courte; son odeur et sa saveur sont plus fortes, et celle-ci est moins douce que celle de Ceylan; aussi en retire-t-on beaucoup plus d'huile. Par la dénomination de cannelle de Ceylan et de la Chine, on croit généralement désigner celles qui sont propres à chacune de ces contrées. M. Guibourt fait observer à ce sujet, que les cannelliers de tous les pays sont susceptibles de fournir ces deux sortes d'écorces, qui peuvent seulement varier d'après le mode de préparation, l'exposition des arbres, et surtout l'âge des branches.

3° *La cannelle matte.*

C'est celle qu'on extrait du tronc des arbres : elle diffère essentiellement des autres par son épaisseur, qui va jusqu'à plus de 5 millimètres; elle n'est presque pas roulée, d'un jaune pâle et luisant en dehors, qui est plus foncé en dedans; elle est un peu rugueuse, à cassure fibreuse, d'une odeur et d'une saveur faibles.

4° *La Cannelle de Cayenne.*

On en connaît deux variétés : la première provient des cannelliers transportés de Ceylan; elle est plus pâle et en plus grandes écorces que celle de cette île : M. Guillemin croit que c'est parce qu'on la récolte sur les branches trop âgées : cela paraît d'autant plus vraisemblable, que celle qui provient de jeunes branches s'en rapproche beaucoup. La deuxième se retire d'un cannelier venu de Sumatra; elle a beaucoup d'analogie avec celle de la Chine; elle est épaisse; son odeur et sa saveur sont très-fortes; elle conserve une partie de son épiderme et est très mucilagineuse. Nous allons rapporter l'analyse comparative qu'a faite M. Vauquelin de cette cannelle et de celle de Ceylan.

Cannelle de Cayenne.	*Cannelle de Ceylan.*
Une huile volatile d'une saveur piquante.	Une huile volatile en plus grande quantité, plus douce et plus agréable.
Du tannin.	

Cannelle de Cayenne.
De la gomme.
Des sels à base de potasse et de chaux.

Cannelle de Ceylan.
Du tannin avec une matière colorante fauve.
De la gomme.
De la résine.

Carvi ou *Cumin des prés.*

C'est le *Carum carvi* de Linnée (pent. digyn.), famille des ombellifères. Plante bisannuelle qui croît dans les prairies montueuses du midi de la France. Sa racine, et surtout ses fruits, sont très aromatiques. On en fait un grand usage dans le Nord, comme condiment. Cette graine est ovée, recourbée, brunâtre ; elle peut s'employer à aromatiser les vins.

Céléri ou *Api.*

Apium graveolens de Linnée (pent. digyn.), famille des ombellifères. On cultive les variétés suivantes : le *Céléri plein rose*; *C. plein blanc*; *Céleri turc* ou *de Prusse, plein*; *C. nain frisé*; tendre et cassant; *C. branchu* ou *fourchu*; goût parfumé; *C. violet* ou la *belle fenton*, gros; *C. gros* ou *court, de Paris*, etc. Les semences sont aromatiques.

Bouleau.

Le bouleau commun, bouillard ou bois-balai (*Betula alba L.*), est un arbre très rustique de la famille des amentacées (monœcie tetrandrie), qui atteint une hauteur de 15 à 16 mètres, et végète bien dans les sols les plus arides et dans ceux qui sont frais et fertiles. Dans les pays du Nord on saigne ces arbres pour en extraire la sève qui est assez abondante et sucrée et dont on fait une boisson assez agréable dont nous décrirons la préparation.

Carotte.

La carotte (*daucus carota L.*) est une plante bisannuelle de la famille des ombellifères (pentandrie digynie), dont on cultive plusieurs variétés, parmi lesquelles nous citerons les suivantes :

La *rouge pâle de Flandres* qui est très estimée et la *rouge longue*. La *carotte de Hollande* ou *rouge courte* qui a plusieurs variétés. La *jaune courte*, la *carotte blanche ordi-*

naire, la *carotte blanche* dite de *Breteuil*; la *blanche à collet vert*, etc.

Les carottes qui sont cultivées en plein champ et qui entrent dans les assolements, aussi bien que celles cultivées dans les jardins, renferment un principe sucré qui permet d'en extraire un jus fermentescible, pouvant servir de boisson, et dont l'usage est, dit-on, très salubre.

Carouges ou *Caroubes*.

Le caroubier (*ceratonia siliqua L*), famille des légumineuses (polygamie trioecie), est un arbre indigène du midi de la France, de deuxième grandeur, mais prenant un développement considérable; feuilles persistantes au nombre de six ou huit, folioles ovales, arrondies, fermes, nerveuses et entières, presque sessiles, produisant en août des fleurs ou grappes petites, pourpre foncé, fruit long de 0^{m}40 dans ce pays, contenant une pulpe rougeâtre, bonne à manger, quand elle est sèche, mais assez laxative. On cultive cet arbre dans plusieurs parties du midi de la France et dans quelques contrées de l'Espagne, avec assez d'abondance pour en donner les fruits aux chevaux comme un aliment qui passe pour fort nutritif. Il est aussi cultivé pour cet usage dans quelques parties de l'Italie. Le carouge ou fruit du caroubier est doux, frais, pectoral et d'une saveur sucrée; on en fait des extraits aqueux et spiritueux, propres aux enrouements, aux toux, aux asthmes, et même à l'ophtalmie.

Les Égyptiens retirent de ce fruit une sorte de miel ou matière douce qui sert à remplacer le sucre chez les Arabes. On n'a cependant appris nulle part, en Algérie, que les indigènes usent de ce fruit en place de sucre, et personne n'a pu encore dire quel moyen on employait pour en extraire la matière sucrée. Seulement, il paraît qu'on en fait usage pour confire les tamarins, les mirobolants et autres fruits. Anciennement, en Égypte, on retirait de ses fleurs, par la fermentation, une liqueur vineuse. Sur les marchés de diverses villes du midi de la France, les fruits du caroubier se vendent au panier, à la mesure et au sac.

Cassis.

Le cassis, groseiller à fruit noir, poivrier (*ribes nigrum*

L.), est un arbre commun de la famille des grossulariées (pentandrie monogynie), plus fort et plus robuste que le groseiller ordinaire, et dont les fruits en grappes sont gros, noirs, très chargés en couleur, et servent à faire des boissons et des liqueurs. On connaît quelques variétés de cassis qu'on ne distingue guère que par la forme des feuilles, et dont la distinction est sans importance.

Cerises.

Le cerisier (*cerasus L.*), qui est venu du Pont et du Nord, appartient à la famille des rosacées (icosandrie monogynie), et n'atteint jamais, dans nos climats, une très grande taille. Les variétés que la culture y a fait naître ou que la nature a présenté, ont permis de partager les cerisiers en quatre divisions qui, d'après le *Jardin fruitier* de Louis Noisette, sont les suivantes :

1re Division. Le *merisier* ou *cerisier sauvage* (*cerasus avium*), qui a fourni plusieurs variétés, telles que le *guignier à gros fruit noir, tardif, à petit fruit noir, à fruit rose, à fruit blanc,* etc.

2e Division. Le *bigarreautier* (*cerasus bigarella*) hâtif, *à gros fruit rouge, à gros fruit blanc, à fruit couleur de chair,* etc.

3e Division. Le *cerisier*; le *cerisier anglais, royal hâtif*; le *cerisier de Montmorency*, le *gros gobet*, le *griottier à fruit rouge*; la *cerise anglaise tardive*, etc.

4e Division. Le *cerisier du Nord*, le *griottier commun*; le *cerisier de Portugal*, le *griottier d'Allemagne*, etc.

Personne n'ignore qu'on prépare avec les cerises et les mérises des petits vins et des liqueurs distillées, le *kirschenwasser* et le *marasquin* qui ont une saveur et une odeur des plus agréables.

Cédrats et citrons.

Voyez l'article *oranges*.

Caramel ou sucre brûlé.

Cette substance sert à donner une couleur brunâtre ou à colorer les vins de fruits. La meilleure manière de faire le caramel, est de fondre le sucre dans un peu d'eau, et le faire cuire jusqu'à ce qu'il brunisse ; plus on le laisse brûler, plus il brunit, mais plus aussi son goût devient amer ; on doit donc surveiller le moment où il est assez brun, sans le laisser noircir, et y jeter de suite, en le retirant du feu, un peu d'eau chaude ; le faire refondre ainsi et l'amener à la consistance d'un sirop épais, pour le conserver. Quoique l'on brûle aussi les cassonnades, on n'obtient une belle couleur qu'avec du beau sucre.

Châtaignes ou *marrons*.

Le *fagus castanea* de Linnée, (*monœcie polyandrie*) famille des amentacées, est un arbre provenant de l'Amérique septentrionale, et cultivé avec succès dans la Touraine, dans le Limousin, le Vivarais, dans le Dauphiné, où il produit tous les marrons qui se vendent sous le nom de marrons de Lyon. Il ne faut pas les confondre avec les fruits du marronnier d'Inde, *esculus hyppocastanum*, qui ne sont pas alimentaires.

Parmentier, dès 1780, avait reconnu dans la châtaigne un sucre cristallisable, et avait dès lors conseillé de préparer avec les marrons et les châtaignes une boisson analogue à la bière, qui serait revenue à très bon compte dans les pays où ces fruits sont abondants.

Chiendent.

Le chiendent (*triticum repens L.*), est une plante graminée, à tiges articulées, à racines de 60 à 80 centimètres de longueur, rampantes et qui font la désolation des cultivateurs par la facilité et la promptitude avec laquelle elles se reproduisent. Ces racines renferment un principe sucré dont on pourrait tirer parti pour préparer une boisson salubre et à peu de frais.

Coings.

Le cognassier (*cydonia communis L.*), arbre de la famille des rosacées (*icosandrie trigynie*), est originaire de l'Europe Méridionale, et est encore d'une nature assez délicate pour le climat de Paris. Ses variétés sont peu nombreuses, et on ne connaît guère dans nos jardins que les coings à fruits ronds ou *coings-pommes*, et les fruits allongés appelés *coings-poires*. Quant au *cognassier de Portugal*, quoique donnant des fruits meilleurs que les espèces indigènes, il mûrit rarement sous notre climat, et il en est de même du *cognassier de la Chine*.

Colle de poisson.

La colle de poisson est une substance qui se prépare avec la vessie natatoire de quelques espèces d'esturgeons. Cette colle est une matière gélatineuse d'une grande pureté qui sert à clarifier les boissons troubles. On la rencontre dans le commerce, sous différentes formes : 1° en petits cordons, 1re et 2e sorte ; 2° en gros cordons ; 3° en feuilles ; 4° factice sous différents aspects. Pour dissoudre la colle de poisson, on la fait macérer dans l'eau pendant 12 heures. Après quoi, on la déroule, on la coupe en lanières avec des ciseaux et on la traite par l'eau bouillante ; elle se dissout alors facilement et, par le refroidissement, l'eau se prend en gelée si elle contient seulement 4 centièmes de colle. Quelques personnes ajoutent de l'eau-de-vie à l'eau dans laquelle on fait macérer la colle. Cette eau-de-vie retarde l'action de l'eau, mais elle a l'avantage de s'opposer à la putréfaction. D'autres personnes ajoutent du vinaigre qui favorise réellement l'action de l'eau, mais communique en même temps sa saveur et son odeur aux boissons qu'on veut clarifier. Pour clarifier une liqueur, on y ajoute la dissolution de colle de poisson, on agite, et les matières contenues ordinairement dans les liqueurs potables, telles que l'alcool, les acides, le tannin, etc., agissent sur la colle de poisson, et la précipitent. Celle-ci, en se déposant, entraîne avec elle toutes les matières impures qui troublaient la transparence du liquide. Quand les boissons qu'on veut clarifier sont peu alcooliques et astringentes, on y ajoute, pour précipiter la colle, une infusion de thé ou une infusion de noix de Galle, ou de toute autre matière renfermant du tannin.

Cormes.

Voyez *sorbes*.

Cornouilles.

Le cornouiller mâle (*cornus mas L.*) est un arbre indigène qui atteint une hauteur de 7 à 8 mètres, et qu'on a rangé dans la famille des loranthées (tetrandrie monogynie).

Ses fruits, auxquels on donne le nom de *cornes*, *cormes* ou *cornouilles*, *cornies*, ont, quand ils sont bien mûrs, une saveur légèrement aigre et servent à faire des confitures, du raisiné, des boissons économiques et fermentées. On en connaît deux variétés, l'une à gros fruit rouge, l'autre à fruit jaune.

Courges.

La courge (*cucurbita L.*), famille des cucurbitacées (monœcie monadelphie), est une plante originaire des pays chauds, dont on connaît une foule de variétés.

Le *potiron* ordinaire (*cucurbita pepo L.*), plante des Indes, acclimatée dans nos pays, et qui acquiert des dimensions quelquefois extraordinaires.

Le *potiron d'Espagne*, moins gros que le précédent, à écorce lisse, dure et verte, et à fruits aplatis.

Le *giraumon*, dont la chair est plus ferme et plus sucrée que celle du potiron, et dont il y a beaucoup de variétés.

Les *courges* proprement dites, ou *citrouilles*, dont il y a un nombre infini de variétés, affectant parfois des formes bizarres, etc.

Les plantes de la famille des courges ont en général une chair ferme d'un goût douceâtre, sucré, et dont il serait peut-être possible de tirer parti dans la fabrication d'une boisson fermentée; il y aurait même cet avantage dans l'emploi de ces fruits que, cueillis mûrs et placés dans un lieu bien sec et tempéré, on peut les conserver pendant trois à quatre mois.

Dattes.

Ce sont les fruits oblongs du dattier (*phœnix dactylifera*); qui sont gros comme le pouce, longs de 40 à 50 millim. 1/2, composés d'une pellicule mince, roussâtre, dont la pulpe ou chair est jaunâtre, grasse, ferme, bonne à manger, douce, d'un goût vineux et sucré ; cette chair environne un gros noyau allongé, grisâtre, cylindrique, dur et creusé d'un sillon dans sa longueur. Ces fruits pourraient très bien servir à faire une bonne boisson dans les pays où, comme en Algérie, ils sont abondants et à bas prix.

Dextrine et Diastase.

Voyez l'article *fécule*.

Drèche.

Voyez les articles *fécule* et *orge*.

Epine vinette.

L'épine vinette, vinetier (*berberis vulgaris L.*), est un arbuste indigène de la famille des vinetiers (hexandrie monogynie) qui s'élève à une hauteur de 2^m à 2^m50, et produit un fruit aigrelet dont on fait des confitures, des conserves et des boissons. L'espèce ordinaire est celle dont on recherche le fruit, mais il y a une variété à *gros fruit*, une autre à *fruit blanc*, et une troisième à *fruit violet* dont le jus est moins acide. L'espèce ordinaire produit aussi des fruits sans pépins qui viennent dit-on sur les vieux pieds produits de marcottes.

Érable.

Les érables sont des arbres précieux pour les usages domestiques à cause de la qualité de leur bois, et dont on connaît plus de vingt espèces. En général ces arbres, surtout l'*érable à sucre*, l'*érable rouge*, le *noir* et le *negundo*, laissent couler des incisions qu'on pratique à leur tronc, une sève limpide, sucrée qui fournit une boisson fermentée très agréable. C'est depuis novembre jusqu'en mai qu'on saigne les arbres. Il y en a qui peuvent fournir plus de 200 litres de sève par an, et cela sans que l'arbre paraisse fatigué. Ces 200 litres de sève renferment à peu près 5 kilogrammes de sucre cristallisable.

Fécule.

On rencontre dans diverses parties d'un grand nombre de végétaux, une substance granuliforme, blanche, sans saveur ni odeur, pouvant rester suspendue dans l'eau froide et s'en précipiter en entier en s'agglomérant facilement, et produisant une masse qui offre sous le doigt un cri particulier.

La fécule s'extrait le plus généralement des pommes de terre ou des céréales par des procédés qu'il est inutile de faire connaître ici; mais nous croyons qu'il y aura quelqu'intérêt à entrer dans quelques explications sur la structure de la fécule et sur sa conversion en une substance sucrée à laquelle on a donné le nom de dextrine.

Lowenhoëck, auquel on doit plusieurs beaux travaux, entre autres sur la fécule, regarda chacun de ses grains comme un corps organique; Raspail reprit ses expériences, et prouva que chacun de ses grains était formé d'une enveloppe recouvrant une matière gommeuse, soluble dans l'eau, etc. Divers chimistes ont étendu ces recherches, entre autres MM. Payen, Persoz, Biot, Guérin, etc.; nous n'entrerons point ici dans l'examen de leurs divers travaux, ni dans la controverse qui a eu lieu; nous nous bornerons à dire que chaque grain d'amidon ou fécule est composé 1° d'une enveloppe ou tégument lisse que nous nommerons *amidin*, inattaquable par l'eau et les acides à la température ordinaire, susceptible de se colorer en bleu par l'iode; 2° d'une substance intérieure soluble dans l'eau froide, liquide même dans son état naturel, à laquelle l'évaporation fait perdre la faculté de se colorer par l'iode; c'est ce que nous nommerons *amidine*.

Quand on soumet l'amidon à l'action du calorique, ou de l'eau bouillante, ces enveloppes se crèvent, l'amidine se dissout dans l'eau, et ces téguments, en y restant suspendus, donnent à cette solution une apparence gélatineuse. Telle est la théorie de la formation de l'empois et de la conversion de l'amidon en matière gommeuse par la torréfaction. En triturant les grains d'amidon, l'on déchire également les enveloppes, et la matière intérieure ou amidine se dissout alors dans l'eau froide. De 100 parties d'amidon broyé de pommes de terre, M. Guérin a obtenu une liqueur qui, après avoir été filtrée et évaporée à siccité dans le vide, a laissé un résidu montant à 41,8 parties, qui ont cédé à l'eau froide 28,41 d'amidine, prenant par l'iode une couleur pensée, comme fait l'amidine préparée par l'eau bouillante.

M. Payen, par de nouveaux travaux, a cherché à établir que les téguments arrondis et extensibles de la fécule, se composent d'*amidone* douée de plus de cohésion que les parties intérieures, plus récemment formées, et que l'huile essentielle qui, avec d'autres corps étrangers, adhère à leur surface, et dont le poids (de cette huile) est d'environ

2/1000, augmente leur résistance à l'action des divers agents, et notamment de la diastase.

Saccharification de la fécule. — M. Kirkoff, chimiste russe, avait fait connaître, il y a environ 22 ans, qu'en faisant bouillir

amidon ou fécule,	2 kil.	(4 livres)
acide sulfurique,	0 kil. 40 gr.	(10 gros)
étendus dans eau,	8 kil.	(16 livres);

après 36 heures d'ébullition dans une bassine d'argent ou de plomb, saturant ensuite l'acide sulfurique par la craie, clarifiant au blanc d'œuf, la liqueur se trouvait convertie en matière sucrée. Ce procédé, qui fut mis en usage dans les fabriques, fit l'objet des recherches de MM. Vogel, de Lampadius, Théodore de Saussure, Dubrunfaut, Veinrich, de la Rive, etc., dont les procédés ont été publiés dans le *Manuel du fabricant de sucre*, faisant partie de l'*Encyclopédie-Roret*.

Voulant étudier l'action qu'exercent sur la fécule divers végétaux, M. Dubrunfaut convertit en empois 500 grammes (1 livre) d'amidon en le délayant dans un poids égal d'eau froide dans lequel il ajouta graduellement 3,500 autres gr. (7 livres) d'eau bouillante; la masse se prit en une gelée homogène, très compacte, dont la température était de 50° R. En cet état, il mit 125 gram. (4 onces) d'orge germée et concassée; il agita le mélange pendant quelques minutes et l'abandonna dans une étuve à 50° R. Quelque temps après, la masse se liquéfia et devint sucrée; il lui fit subir la fermentation alcoolique au moyen de la levure de bière, et on obtint, par la distillation, 38 centilitres d'eau-de-vie à 19. Ces premiers succès obtenus, l'auteur s'attacha à rechercher les limites et les proportions fixes de cette action, ainsi que les procédés les plus économiques et les plus simples pour en tirer un parti avantageux. Voici les meilleurs résultats qu'il a obtenus :

La pomme de terre étant bien râpée, on jette 400 kilog. (800 livres) de pulpe dans une cuve de brasseur à double fond; et, pendant que des ouvriers armés de râbles l'agitent en tout sens, on y fait arriver de l'eau bouillante. Toute la fécule mise en liberté se trouve convertie en empois ainsi que celle du parenchyme, on y ajoute alors 20 k. (40 liv.) de malt en farine très divisée, ainsi qu'une petite quantité de courte-paille de froment; la fluidification s'opère bientôt, et la saccharification s'opère en deux heures; l'on retire alors la liqueur et on la fait passer dans la cuve de fermentation : on laisse égoutter le résidu, et on fait arriver une nouvelle quantité d'eau à 50° R., l'on brasse de nouveau, on soutire la liqueur, et on soumet le marc à la presse. Les liqueurs réunies sont mises en fermentation au moyen de la levure de bière; on distille, et l'on obtient ainsi 54 litres d'eau-de-vie à 19°, d'assez bon goût.

Ce travail de M. Dubrunfaut a été depuis éclairé par la théorie, par MM. Payen et Persoz.

Ce dernier et M. Biot ont appliqué les phénomènes de la polarisation circulaire de la lumière à la matière liquide qu'ils ont obtenue par l'action de l'acide sulfurique sur la fécule; ils ont reconnu que, dans cette application, la matière liquide de la fécule a dévié le plan de polarisation à droite, ce qui lui a fait donner le nom de *dextrine*. M. Payen, en étudiant l'action de l'orge sur la fécule, reconnut que les téguments de celle-ci étaient détruits, et l'amidine mise à nu. La matière liquide obtenue, soumise également à la polarisation précitée, manifesta un mouvement de rotation à droite au même degré que la dextrine, et précipitait aussi comme elle par l'alcool; c'était évidemment de la *dextrine*. Nous allons étudier cette substance, ainsi que celle que M. Dubrunfaut a signalée dans l'orge germée, et que MM. Payen et Persoz, qui l'ont isolée, ont nommée diastase, à cause de la propriété dont elle jouit de rompre les téguments de la fécule, et de mettre à nu la partie liquide qui y est contenue.

De la dextrine. — Pour préparer la dextrine, on prend de l'orge germée et moulue à l'instar du malt des brasseurs; quand la germination a été arrêtée au moment où la plumule avait la longueur du grain, 50 parties de cette farine d'orge suffisent pour 100 parties de fécule; moins germée, il en faudrait davantage; il est cependant rare que 100 parties ne soient pas suffisantes.

On verse dans une chaudière chauffée au bain-marie, 2000 kilog. (4000 livres) d'eau; quand la température est d'environ 25 à 30° c., on y délaie le malt d'orge, et l'on continue de chauffer jusqu'à 60 ; on y ajoute alors 500 kil. (1000 livres) de fécule qu'on y délaie avec un râble ; de légères secousses imprimées de temps en temps suffisent pour tenir en suspension de 500 à 740 kilog. (1000 à 1480 liv.) de fécule dans 2 à 3000 kilog. (4 à 6000 livres) d'eau. On obtient de plus beaux produits en décolorant d'abord la solution d'orge germée ; à cet effet, et pour dissoudre tout l'amidon, en conservant toute son énergie à la diastase qui s'y trouve contenue, on délaie le malt en farine dans 7 fois son poids d'eau froide qu'on chauffe au bain-marie jusqu'à 65° en agitant ; on maintient entre cette température et celle de 75 pendant 25 minutes ; on y ajoute alors 10 pour 100 de charbon animal du poids de l'orge ; on remue, on filtre et on lave. La solution filtrée et les eaux de lavage sont remises dans le bain-marie et portées à 60° c., alors on y ajoute la fécule, et l'on opère comme nous l'avons dit. On soutient la chaleur entre 65 et 75 ; après 20 à 35 minutes, le mélange qui, de laiteux, était devenu plus épais, s'éclaircit par sa viscosité, et paraît presque aussi fluide que de l'eau ; on porte alors vivement la température de 95 à 100° c. On laisse en repos, on soutire, on filtre, et l'on fait évaporer très rapidement à feu nu, ou bien mieux encore à la vapeur ; on enlève les écumes qui se forment ; et quand le sirop tombe de l'écumoire en nappe, on le coule. Par le refroidissement il forme une gelée opaque qui, séchée à l'étuve, donne la dextrine sèche qu'on peut réduire en poudre et appliquer à la purification, etc.

La dextrine pure et blanche, solide, un peu sucrée, très soluble dans l'eau, ne donne point d'acide mucique, ayant sa rotation à droite, tandis que la gomme l'a à gauche, se convertissant ensuite en sucre par le seul fait d'une légère élévation de température ; ce qui est digne de remarque, c'est qu'après avoir séjourné dans l'eau un temps plus ou moins long, elle cesse en partie d'y être soluble ; la portion non dissoute ou déposée, lavée et redissoute dans l'eau chaude ne fait pas d'empois.

Pour obtenir le sirop de dextrine, on emploie le malt dans les proportions de 5 à 10 pour 100 de fécule ; on opère comme ci-dessus, et on entretient la chaleur entre 65 à 75, pendant 30 à 60 minutes ; jusqu'à ce que la teinture d'iode ne manifeste plus dans la liqueur la présence de la fécule. On évapore en consistance de sirop ; si l'on veut l'avoir incolore, on ajoute à la solution du malt le charbon animal bien pur, et l'on opère comme nous l'avons déjà indiqué.

Diastase. — Cette substance s'extrait de l'orge germée par le procédé suivant : une partie d'orge germée en poudre est délayée dans 2 parties 1/2 d'eau distillée ; après quelques instants de macération l'on filtre, et la liqueur est ensuite chauffée au bain-marie à 55° c. ; cette température suffit pour coaguler la matière azotée que l'on sépare pour une nouvelle filtration. Le liquide ne renferme plus alors que le principe actif et une quantité de sucre en rapport avec les progrès de la germination. Pour séparer la dernière, on verse l'alcool dans la liqueur ; la diastase, par cette addition, cesse d'y être soluble ; elle se dépose sous forme de flocons qu'on dessèche à une douce chaleur ; on peut l'obtenir plus pure en la redissolvant dans l'eau et l'en précipitant par l'alcool. Cette substance est d'autant moins azotée qu'elle se rapproche davantage de l'état de pureté ; alors elle est solide, blanche, insoluble dans l'alcool, soluble dans l'eau, sans saveur marquée, ne précipitant point par le sous-acétate de plomb ; chauffée à 65 ou 70° c. avec la fécule, elle en rompt instantanément les enveloppes, et met en liberté la dextrine qui se dissout facilement dans l'eau, tandis que les téguments insolubles dans le liquide surnagent ou se précipitent, suivant la densité de la liqueur. La solution de diastase, en présence de la dextrine, peut convertir en sucre la diastase, pourvu que la température ne s'élève plus, durant leur contact, au-dessus de 70 à 75° c. ; car si on la chauffe jusqu'à l'ébullition, elle perd la faculté d'agir sur la fécule et la dextrine.

La diastase existe dans l'orge et le blé germés, dans les germes de la pomme de terre où elle est toujours accompagnée d'une substance azotée qui, comme elle, est soluble dans l'eau, insoluble dans l'alcool, etc.

L'action de la diastase sur la dextrine, découverte par M. Dubrunfaut et étudiée soigneusement par MM. Payen et Persoz, a trouvé son application dans les arts pour la saccharification des fécules. Ce procédé a remplacé celui de

Kirkoff par l'acide sulfurique; j'ai vu et goûté des sirops de dextrine colorés et incolores : leur saveur est assez douce, mais un peu fade, surtout celui qui est tout-à-fait décoloré. Nous allons maintenant exposer la distillation de l'eau-de-vie de grains et de pommes de terre ; ce que nous venons de dire nous donnera la clef de ce qui se passe dans ces opérations.

Maltage des grains et fermentation. — Nous allons indiquer maintenant les procédés qu'on suit pour convertir en drêche les farines féculentes, et les transformer en liqueurs plus ou moins vineuses ou alcooliques.

Toutes les céréales et la plus grande partie des légumineuses peuvent être employées pour la fabrication de l'eau-de-vie, mais on choisit les plus riches en fécule, en amidon, et celles qui sont à plus bas prix. Ainsi, l'on donne en général la préférence à l'orge et au seigle; voici la manière d'opérer.

Maltage. — On met l'orge ou le seigle dans une cuve, et l'on y verse assez d'eau à environ 22° pour qu'il en soit recouvert de quelques centimètres (pouces) ; au bout de 30 à 40 heures, c'est-à-dire quand le grain est assez ramolli pour qu'en le pressant entre les doigts il s'écrase, on ouvre la chante-pleure pour laisser écouler l'eau et égoutter le grain pendant deux ou trois heures; alors étendez-le sur le germoir (1) en une couche d'environ 50 centimètres (18 pouces), en ayant soin d'y entretenir la température de 15 à 20° c.; au bout de 24 à trente heures, le germe commence à se montrer, ou, comme on dit, à *pointer* ; alors on remue de temps en temps afin de favoriser la germination des couches intermédiaires et inférieures; quand les plumules ont acquis la longueur du grain, environ 11 millim. (5 lig.), on porte le grain au séchoir; on l'étend par couches de 19 à 27 centimètres (7 à 10 pouces) d'épaisseur; la température du séchoir doit être de 59 à 55° c. On doit avoir soin de remuer souvent afin de favoriser la dessiccation; quand elle est complète, on fait moudre ce grain, et c'est cette farine qui en provient qu'on nomme le

(1) Cette pièce doit être carrelée et disposée de manière à pouvoir être aérée à volonté. Elle doit surtout être tenue très proprement, et ne pas contenir d'anciens grains moisis adhérant à ses parois.

Malt, la *Drèche*. La germination et la dessiccation sont favorisées par les temps chauds ; cela se conçoit aisément.

Mise en fermentation. — L'on prend 20 kilogrammes (40 livres) de malt, 80 kilog. (160 livres) d'orge ou seigle moulus grossièrement, et 2 ou 3 kilog. (4 ou 6 livres) de paille hachée menu. On délaie le tout peu à peu dans environ 300 litres d'eau, et l'on brasse jusqu'à ce que la température soit descendue à environ 20° ; l'on y ajoute alors 400 litres d'eau chauffée au point de porter le mélange à 55 ; on remue et l'on couvre la cuve afin d'y conserver la température précitée. On laisse reposer pendant trois ou quatre heures, en ayant soin que la chaleur ne tombe pas au-dessous de 30 à 35 ; alors on y ajoute de l'eau froide afin de descendre la température à 20 ou 25, et l'on délaie dans la masse 500 grammes (une livre) de bonne levure de bière fraîche qu'on a étendue de deux litres d'eau à 30°. Si l'opération a été bien conduite, la fermentation est terminée dans moins de 30 heures.

Figues.

Le figuier (*ficus carica L.*), arbre qu'on cultive principalement dans le midi de la France et qui appartient à la famille des artocarpées (polygamie diœcie), a produit un assez grand nombre de variétés, parmi lesquelles on distingue la *figue blanche ronde*, la *blanche longue*, la *violette*, la *jaune angélique*, la *poire*, etc. Ces figues fraîches et à l'état sec, renferment un jus doux et sucré qui permet d'en préparer une boisson économique dans les pays où elles abondent et sont à bon marché.

Giraumon.

Voyez l'article *courge*.

Fraise.

Le fraisier (*fragaria L.*), est une plante vivace qui fait partie de la famille des rosacées (icosandrie polygynie), dont les tiges courtes et demi ligneuses, se tiennent toujours basses ou rampent à terre, et qu'on trouve poussant spontanément dans les bois, ou cultivées en abondance dans les jardins potagers. On connaît aujourd'hui un très grand nombre de races de fraisiers, surtout parmi les espèces cultivées. Mais nous nous contenterons de citer les suivantes :

Le *fraisier des bois* (*fragaria vesca L.*), à fruit petit, allongé et parfumé, que tout le monde connaît.

Le *fraisier des Alpes* (*fragaria semper virens*), à fruit presque aussi bon que celui des bois, et bien plus prolifique.

Le *capron commun* (*fragaria elator communis*), à chair succulente, fondante et parfumée.

Les *fraisiers écarlates* (*fragaria canadensis*), dont l'art a su obtenir récemment de très belles et excellentes qualités.

Le *fraisier ananas* (*fragaria grandiflora*) et ses variétés, dont le fruit est parfois assez fade, etc.

Tous les fraisiers renferment en général un jus doux, sucré et parfumé, qui peut servir à préparer des boissons très agréables, ou à en aromatiser d'autres.

Framboises.

Le framboisier (*rubus idœns L.*), est un arbuste à tiges sarmenteuses et bisannuel, qui est originaire du Mont Ida, et qui appartient à la famille des rosacées (icosandrie polygynie).

Sa variété commune donne des fruits rouges qu'on mange sur les tables, et dont on peut faire des boissons. On connaît aussi une variété dite *des Alpes* ou *de tous les mois*, et qui donne jusqu'aux gelées ; une autre variété à *gros fruit rouge*, une autre à *fruit couleur de chair*, et plusieurs variétés à fruits blancs.

Frêne.

Le frêne commun (*fraxinus excelsior L.*), bel arbre indigène, dont plusieurs espèces transudent par leurs feuilles, différentes espèces de matières sucrées ou de mannes. Parmentier assure qu'on pourrait les saigner comme les bouleaux, et extraire une sève sucrée qu'on pourrait faire fermenter.

Froment.

Le froment (*triticum L.*), plante monocotylée, de la famille des céréales (triandrie digynie), offre aujourd'hui une foule d'espèces ou de variétés dont nous n'avons pas à nous occuper ici ; nous nous contenterons de mentionner cette céréale comme employée concurremment avec l'orge germée, dans le maltage des grains et leur conversion en un moût sucré et fermentescible.

Genièvre.

Le genièvre commun (*juniperus communis L.*), de la famille des conifères (diœcie monadelphie), produit, comme on sait, une baie d'un violet bleuâtre lors de la maturité, d'une saveur douce et aromatique, qui sert à préparer une boisson légèrement stimulante, et à aromatiser diverses préparations économiques, ainsi qu'à masquer la saveur peu agréable des eaux-de-vie de grains.

Gingembre.

Plante de la famille des amomées, originaire des Indes-Orientales et qui prospère à Cayenne et aux Antilles, dont le nom botanique latin est *amomum zinziber*, et qui produit une racine tubéreuse de la grosseur du doigt, coriace, blanche, irrégulière, d'une odeur piquante, d'une saveur aromatique et brûlante, qui sert dans l'Inde et en Europe de condiment, mais dont on peut faire usage en petite quantité pour aromatiser des boissons, et surtout des bières de ménage.

Girofle.

L'arbre qui produit le clou de girofle est un des plus élégants et un des plus beaux de l'Inde ; sa forme est celle d'une pyramide toujours verte et toujours ornée de quantité de belles fleurs roses qui répandent une odeur aromatique des plus agréables et des plus pénétrantes, qu'elles conservent au même degré après leur dessiccation ; le fruit est un drupe sec, ovoïde, couronné par les divisions du calice persistant.

Le giroflier aromatique, *caryophyllus aromaticus*, de la famille des myrtinées, est originaire des Moluques, et surtout de Mackian, sous l'équateur ; il abonde aujourd'hui à Amboine ; il a été transporté aux îles de France et de Bourbon, à Cayenne et aux Antilles. C'est par le commerce des Hollandais que les clous de girofle nous parviennent.

Les clous de girofle, qui sont l'objet de la culture du

giroflier, sont les calices de la fleur sèche, qui n'est point encore épanouie; leur partie supérieure, formée par les pétales rapprochés les uns contre les autres, est beaucoup plus renflée, et forme une sorte de tête, tandis que le tube du calice et l'ovaire constituent un pédicule central. Les girofles doivent être lourds, d'un brun clair qu'ils doivent à la fumée à laquelle on les a exposés, d'une odeur aromatique agréable, d'une saveur âcre et piquante. Les plus estimés viennent des grandes Indes; ceux d'Amérique et de l'île Bourbon n'ont point une saveur aussi agréable.

Leur usage est assez connu pour nous dispenser d'en parler.

Les fruits du giroflier, qui sont des baies ou drupes presque secs, possèdent aussi une saveur et une odeur très aromatique. On les emploie également comme aromates; il en est de même de son écorce, que quelques auteurs pensent être celle que l'on désigne dans le commerce sous le nom de cannelle-girofle, tandis que d'autres attribuent cette dernière au *myrtus caryophyllata*, qui est originaire d'Amérique, et croît à Ceylan, à la Guadeloupe. On l'appelle aussi bois de girofle, ou bois de crabe. Cette écorce est en morceaux longs d'environ 65 centim. (2 pieds), roulés les uns dans les autres, extrêmement serrés au moyen de petites cordes; la surface externe est unie, généralement privée de son épiderme qui est grisâtre, brunâtre intérieurement; la cassure est fibreuse, la saveur aromatique, piquante, entièrement analogue à celle du fruit de girofle mais un peu plus faible; elle peut être employée à la place des clous de girofle, dont elle a la saveur et les propriétés.

On a cru pendant long-temps que cette écorce provenait d'un arbre de Madagascar, qui a des rapports avec les lauriers, et que Sonnerat a nommé *agatophyllum aromaticum*; c'est le même qui produit le fruit connu sous le nom de noix de girofle ou de ravensara, avec laquelle on fait aussi d'excellentes liqueurs.

Grenade.

Le grenadier (*pumica granatum*, Lin.), icosandrie monog., famille des myrtinées, est cultivé dans les jardins, pour la beauté de ses fleurs, qui sont le plus souvent doubles. Cet arbre est originaire d'Afrique; il croît naturellement en Espagne, en Italie, dans tout le Languedoc, et plus particulièrement dans la Provence, aux environs de Toulon, de Perpignan et de Narbonne, où il forme des haies autour des vignes, etc. On en connaît plusieurs variétés qui se distinguent principalement par la forme et la saveur du fruit. Les deux principales sont celles à fruits acides, qu'on trouve particulièrement dans les départements de l'Aude, de l'Hérault, des Pyrénées orientales, etc. Celles à fruits doux, qui proviennent de la Provence, du Portugal, etc.

Le fruit, qui est connu sous le nom de grenade, est de la grosseur et de la forme d'une orange ; sa peau ou écorce est coriace, et d'un jaune brunâtre, quand elle est sèche ; elle a une saveur âpre et astringente, et précipite également le sulfate de fer. Le fruit se compose de plusieurs loges divisées par des cellules qui entourent un grand nombre de semences recouvertes d'une pulpe rougeâtre, d'un goût sucré et plus ou moins acidule, qui est très rafraîchissant.

Giroflée.

La giroflée jaune violet, Ravenelle (*cheiranthus cheiri* L.), est une crucifère bien connue, dont on peut utiliser les fleurs pour fabriquer des boissons économiques. Nous dirons du reste que beaucoup de plantes vulgaires fournissent des fleurs dont on peut également se servir pour communiquer à ces boissons une légère odeur aromatique ou une saveur particulière, et qu'on pourra en essayer beaucoup sous ce rapport, jusqu'à ce qu'on rencontre celle qui développera les propriétés qui plairont le mieux à l'odorat, au goût, et qui seront les plus avantageuses à la santé.

Glucose.

Ce produit, auquel on a donné le nom de *sucre de raisin, sucre de fruit, sucre d'amidon, sucre de diabetes*, etc., est une substance sucrée qu'on trouve en grande quantité dans les raisins secs, l'enduit farineux qui recouvre la surface des pruneaux et des figues, dans les fruits doux de nos climats, dans le miel, les sucs sucrés des fleurs, et enfin qu'on extrait en chimie et dans l'industrie, en traitant la cellulose, l'amidon, la gomme, le sucre de canne, le sucre de lait, etc., par les acides. Le glucose, qu'on obtient communément sous la forme de masses demi-globulaires ou mamelonnées, composées de petites aiguilles ou de portions rhomboïdales, offre, quand on le met sur la langue, une saveur à la fois piquante et farineuse, qui se change en une saveur faiblement sucrée et mucilagineuse dès qu'il commence à se dissoudre. Il en faut deux fois autant que le sucre de canne, pour sucrer au même degré le même volume d'eau.

Le glucose entre en fusion à 100°, et se transforme en une masse jaunâtre, transparente, qui attire l'humidité de l'air, et puis se prend en une masse cristalline grenue. A 140°, il se convertit en caramel. Il est bien moins soluble dans l'eau que le sucre, et exige, pour la dissolution, une fois et un tiers son poids d'eau froide. Il se dissout plus promptement et en toute proportion dans l'eau bouillante, mais le sirop ne tient jamais la même consistance que le sirop de sucre. Ce sirop possède une saveur plus douce que celle du sucre solide. La solution du glucose ne s'altère pas seule, mais lorsqu'on y ajoute du ferment, elle éprouve immédiatement la fermentation alcoolique.

Le glucose est beaucoup moins soluble dans l'alcool que le sucre de canne. Les acides concentrés détruisent le glucose, et ce corps se comporte avec les bases salifiables d'une toute autre manière que le sucre de canne.

Le miel contient deux espèces de sucre, dont l'un cristallisable est le glucose, l'autre incristallisable, et présentant des rapports avec la mélasse. On sépare ces deux espèces de sucre par l'alcool qui s'empare du sucre incristallisable, et ne dissout qu'une très faible proportion de sucre cristallisé.

Il n'y a guère que dans les laboratoires qu'on extrait le glucose des raisins secs, des figues, des pruneaux, ou qu'on convertit le sucre de lait, en cette substance. En grand, le glucose s'obtient au moyen de la fécule.

Voici, d'après M. Dumas, (*Traité de Chimie appliquée aux arts*, t. VI, p. 282), les opérations pour fabriquer le glucose.

Les opérations principales sont au nombre de six : 1° sac-

charification, 2° *saturation*, 3° *dépôt*, 4° *évaporation*, 5° *filtration*, et 6° *concentration*.

« La saccharification consiste à désagréger rapidement la fécule, et à la convertir en dextrine, puis en glucose, en présence de l'eau aiguisée d'acide sulfurique, et chauffée de 100 à 104°. Pour que cette réaction soit facile et économique, il faut maintenir la température constamment entre les limites énoncées, et ajouter la fécule peu à peu sans interrompre l'ébullition, de manière à suivre exactement la liquéfaction de l'empois qui, diminuant beaucoup la mobilité du mélange, ralentirait la réaction.

« Voici comment on parvient à réunir les conditions favorables : dans une grande et forte cuve couverte, ayant une contenance de 25 hectolitres, si l'on veut traiter 500 kilogrammes de fécule, et chauffée directement par la vapeur, on verse 1,000 kilogrammes d'eau, puis 10 kilogrammes d'acide sulfurique en agitant le mélange.

« On fait aussitôt arriver la vapeur jusqu'au fond, sous une pression telle qu'elle puisse aisément soulever la colonne de liquide ; dès que la température est arrivée au point de l'ébullition, on fait écouler, en un filet continu, la fécule délayée dans environ 500 litres d'eau tiède (de 45 à 55°), et tenue en mouvement par un agitateur.

« Au fur et à mesure que la fécule entre dans la cuve, la conversion en dextrine s'opère, et la fluidité doit se maintenir. Au bout de deux heures et demie environ, toute la fécule est versée, et quinze à vingt-cinq minutes après, la saccharification est terminée. On peut s'en assurer à la transparence du liquide, ou bien en laissant refroidir quelques gouttes de celui-ci sur une soucoupe, et s'assurant que l'iode n'y accuse plus la présence de la substance amylacée.

« On arrête alors l'introduction de la vapeur, on soutire tout le liquide dans une deuxième cuve, et l'on peut recommencer une saccharification.

« On procède à la saturation de l'acide sulfurique contenu dans le liquide, en y projetant, par petites quantités, d'environ 1 kilogramme à la fois, 10 à 12 kilogrammes de craie. L'effervescence vive qui se produit par suite du dégagement de l'acide carbonique exposerait à quelques dangers, si l'on se hâtait trop d'ajouter le carbonate de chaux. On s'assure d'ailleurs, soit par la cessation de toute effervescence lors de la dernière addition de craie, soit à l'aide du papier de tournesol, que tout l'acide sulfurique est saturé.

« On laisse déposer le sulfate de chaux formé, puis on soutire au clair le liquide surnageant pour le faire rapidement évaporer jusqu'à environ 30° Baumé. Quant au sulfate de chaux déposé, on le transporte sur un filtre recouvert d'une toile où il s'égoutte. On l'épure ensuite par quelques portions d'eau, du liquide sucré qu'il retient entre ses parties.

« Le sirop rapproché à 30° ou 32° est mis en repos dans un réservoir, où il dépose le sulfate de chaux précipité durant l'évaporation.

« On soutire, et l'on peut vendre le sirop clair, en cet état, pour servir à préparer l'alcool, les bières colorées, ou quelques boissons communes ; mais pour les bières blanches et la plupart des autres usages, il convient de décolorer le sirop de fécule ; à cet effet, on le fait passer encore chaud sur des filtres à noir animal en grains, du système de M. Dumont, qui achèvent de l'épurer en améliorant son goût.

« Lorsqu'on se propose d'expédier au loin le glucose, il reste encore une opération à faire. Elle consiste à concentrer le sirop jusqu'à 45°, dans une chaudière chauffée par la vapeur ; il importe beaucoup que cette dernière évaporation ait lieu très rapidement, afin d'éviter que le produit ne s'altère en prenant une teinte jaune, très défavorable à la vente. Le liquide concentré est versé dans des cristallisoirs plats, où il se prend en masse ; on concasse celle-ci pour l'embariller en tonneaux.

« Lorsque la saccharification de la fécule est complète et que l'acide sulfurique est saturé par la craie, on peut obtenir à volonté par les procédés ci-dessus décrits, le sirop à 30°, ou le sucre de fécule pris en masse, ainsi que nous allons l'expliquer.

« On fait couler le sirop saturé sur des filtres à noir en grains, de façon à ramener sa nuance à la coloration d'une belle claire de sucre terré ; le liquide filtré est rapproché vivement dans une chaudière garnie d'une grille en tubes de cuivre chauffés par la vapeur à 3 ou 4 atmosphères (système Taylor et Martineau). L'évaporation doit être poussée jusqu'à donner au sirop une densité de 30° Beaumé, la température étant de 100 à 103° centésimaux. On le fait couler alors dans des réservoirs où la plus grande partie des sels calcaires précipités se déposent. Dès que la température est abaissée de 20 à 22°, on décante le sirop clair, et on en remplit des tonneaux ordinaires à vin blanc posés debout sur des chantiers, ou mieux sur les traverses d'un bâtis élevées seulement de 30 centimètres. Le fond supérieur des tonneaux est enlevé, et le fond inférieur est percé de 15 à 18 trous bouchés par autant de fossets en bois.

« Au bout de huit à dix jours les cristaux de glucose se présentent sous forme de petites agglomérations disséminées dans le sirop ; cette granulation augmente, et dès qu'elle occupe la plus grande partie de la masse, jusqu'à quelques centimètres de la superficie, on essaie de retirer un ou deux fossets, puis tous les autres, si la *mélasse* peut s'écouler sans entraîner les molles agglomérations de cristaux. Si la cristallisation était tellement serrée que l'égouttage ne pût pas s'effectuer spontanément, on délayerait la mélasse avec une petite quantité d'eau.

» Lorsque l'égouttage paraît terminé, on le rend plus complet en inclinant tous les tonneaux les uns sur les autres, et jusqu'à 45 degrés.

» Le glucose en grains est alors beaucoup trop humide pour être livré aux consommateurs ; sa dessiccation présentait de graves difficultés, car on avait à redouter les effets de l'air atmosphérique humide qui le fait couler, et ceux de la chaleur des étuves qui l'amollit et le fait prendre en masse. M. Fouschard est parvenu à lever ces obstacles, en garnissant ses étuves à glucose d'épaisses tablettes en plâtre ; la propriété absorbante de ces tablettes s'oppose à l'accumulation du sirop qui s'infiltre dans leur épaisseur, tandis que le courant d'air légèrement chauffé (à 25° environ) dissipe l'humidité des cristaux.

» Il se fait cependant toujours quelques volumineuses agglomérations; on les sépare à l'aide d'un crible, puis on broye les *grabauts* entre des cylindres pour les cribler à leur tour.

» Le glucose pulvérulent est alors livrable au commerce; on l'embarille dans des tonneaux propres et secs, bien cerclés; sous cette forme, il est d'un emploi beaucoup plus commode et d'un usage bien plus facile que lorsqu'il est à l'état sirupeux, ou bien qu'il est pris en masses tellement dures qu'il faut la casser à coups de marteau ou de hache. »

Grains.

On donne ce nom au froment, au seigle, à l'orge, à l'avoine, et parfois au sarrazin et au maïs qu'on peut, par la germination, la macération et la fermentation, transformer en moûts sucrés et alcooliques.

Groseilles.

Le groseiller ordinaire (*ribes rubrum L.*) est un arbrisseau d'Europe, de la famille des grosulariées (pentandrie monogynie), qu'on élève généralement en buisson, dont on ne connaît guère qu'une espèce qui donne des fruits, rouges sur quelques pieds, blancs sur d'autres. Il y a aussi une variété à gros fruits blancs, et une autre variété plus récente, à gros fruits rouges. En général, les groseilles sont d'autant plus douces et plus grosses que la terre dans laquelle végètent les arbres est elle-même plus douce, sableuse et fraîche.

Groseilles à maquereau.

Le groseiller épineux à maquereau (*ribes uvacripsa L.*) est un arbrisseau de la famille des grossulariées (pentandrie monogynie) qui est armé d'aiguillons et dont on possède aujourd'hui de nombreuses variétés, les plus belles originaires d'Angleterre. Parmi ces variétés, il y en a à fruits lisses et d'autres à fruits hérissés. Au nombre des premières, on compte la *grosse verte ronde*, la *grosse verte longue*, la *grosse lobée*, la *grosse ambrée*, la *très grosse jaune*; et parmi les secondes, les groseilles à fruits ambrés, à couleur de chair, longues et rondes, *vertes*, *blanches*, *grosse jaune*, *grosse ronde*, etc. Le suc de toutes ces variétés est abondant et plus ou moins sucré lors de la maturité, et on en fait un fréquent usage en Angleterre pour en préparer dans les ménages une boisson salubre et assez agréable qu'on appelle le *gooseberry-wine*, et dont nous donnerons le mode de préparation.

Goudron.

Le goudron est un produit végétal complexe qu'on extrait des bois résineux par un procédé que nous ne pouvons rapporter ici. Suivant Berzélius, il est composé d'une huile hydrogénée mêlée à de l'essence de térébenthine, à de la colophane, à de l'acide acétique et à des résines pyrogénées. On se sert quelquefois en Angleterre de cette substance pour remplacer le houblon dans la fabrication des bières de ménage et économiques, afin de leur communiquer la propriété de se conserver, et ce goût amer qu'on recherche dans ces boissons. Sa saveur n'est pas, du reste, goûtée par tout le monde, mais l'emploi de la substance elle-même ne présente aucun danger.

Houblon.

Le houblon cultivé (*humulus lupulus L.*) est une plante de la famille des urticées (diœcie pentandrie), dont la culture exige beaucoup de soin et d'attention, et qui renferme plusieurs variétés cultivées, surtout en Allemagne et en Belgique. Les jeunes pousses ou *turions* du houblon contiennent une matière sucrée dont on peut préparer, par la fermentation, un moût alcoolique, et les cônes et surtout le pollen de sa fleur, renferment une matière blanche ou jaunâtre, sans odeur, et présentant l'amertume qui caractérise le houblon, et à laquelle on a donné le nom de *lupuline*. Tout le monde sait que c'est avec cette fleur du houblon qu'on aromatise les bières et autres boissons fermentées, et qu'on leur donne en même temps des propriétés toniques et astringentes.

Iris de Florence.

L'iris de Florence (*iris Florentina L.*), de la famille des iricées (triandrie monogynie), est une plante de petite taille, délicate, dont la fleur est blanche et la racine odorante. On vend souvent, sous le nom impropre de *glayeul*, de la racine d'iris du pays qui est fort inférieure à la véritable iris de Florence. Cette racine qu'on emploie souvent dans la fabrication des boissons factices pour les aromatiser doit, pour être de bonne qualité, être compacte, difficile à rompre, plutôt grosse que petite, et surtout fort odorante.

Jujubes.

Le jujubier (*zizyphus sativus H. P. Rhamnus zizyphus L.*) est un arbre originaire de la Syrie et de l'Arabie, actuellement fort connu en Languedoc et en Provence, où il est très bien naturalisé. Il produit un fruit oblong, de la forme et de la grosseur d'une olive, d'abord verdâtre, ensuite jaunâtre, enfin rouge. Ce fruit renferme une pulpe blanchâtre, molle, d'un goût vineux et doux. Au milieu de cette pulpe est un noyau oblong, graveleux, très dur, qui contient deux amandes lenticulaires, dont l'une avorte le plus souvent.

Les jujubes se cueillent dans leur maturité, et étant récentes, elles servent de nourriture familière et agréable aux peuples des pays où elles croissent. On en expose au soleil sur des claies et sur des nattes de paille, jusqu'à ce qu'elles soient ridées et sèches. On les emploie pour faire une pâte très agréable, et quand ils sont abondants, on pourrait en faire un vin de fruits.

Levure.

On distingue sous ce nom deux substances différentes, mais qu'on emploie au même usage, c'est-à-dire à provoquer la fermentation dans les dissolutions sucrées.

La pâte qui sert à confectionner le pain, abandonnée à elle-même, acquiert des propriétés plus ou moins caractéristiques, et devient susceptible de déterminer la fermentation dans une nouvelle quantité de pâte, ainsi qu'on le voit chaque jour dans la préparation du pain, ou de provoquer la fermentation des matières sucrées en dissolution.

Dans les pays où l'on fabrique la bière, on appelle levure une matière molle qui vient surnager à la surface de ce liquide, à l'état de fermentation. Cette levure, examinée au microscope, paraît composée de petits globules diaphanes, ayant le caractère de cellules primaires, et renfermant quelquefois des noyaux de cellules.

La lie, c'est-à-dire le dépôt qui se forme dans la fermentation des vins, contient aussi des principes propres à déterminer la fermentation des liqueurs sucrées.

Mise en contact avec le sucre de raisin, la levure de bière en détermine promptement la décomposition et la conversion en alcool et en acide carbonique. Le sucre de canne fermente moins rapidement et se convertit d'abord en sucre de raisin avant de se décomposer en alcool et en acide carbonique.

Maronnier d'Inde.

Le maronnier d'Inde (*œsculus hypocastanum L.*) est un arbre magnifique de la famille des malpighiacées (heptandrie monogynie) qui n'a fait jusqu'à présent que l'ornement des parcs et des jardins, mais dont les fruits peuvent être utilisés de diverses manières. Nous allons, à cet égard, entrer dans quelques explications sur l'une de ces applications qui rentre plus particulièrement dans le sujet qui nous occupe.

Sirop et fécule de marrons d'Inde. — Les marrons d'Inde se composent comme les pommes de terre, de fécule; ils étaient jusque dans ces derniers temps restés sans usage, parce qu'ils contiennent une espèce de résine qui donne à cette fécule une amertume insupportable; mais depuis qu'on a trouvé le moyen de lui enlever cette amertume, elle peut être employée aux mêmes usages que la fécule de pomme de terre, et spécialement à la confection des sirops propres à remplacer le sucre dans les liqueurs fermentescibles.

La dose à employer dans la fabrication des vins de fruits est la même que pour le sirop de pommes de terre; on remplacera dans les mélanges indiqués dans cet ouvrage chaque kilogramme de sucre par le sirop provenant d'un kilogramme de fécule supposée sèche, ce qui fait environ un kilog. et demi de fécule verte.

Les marrons d'Inde se transforment en fécule de la même manière qui est indiquée dans un article précédent pour les pommes de terre; si ceux qu'on veut employer sont trop secs et trop durs pour pouvoir être râpés, on les fera préalablement tremper dans l'eau jusqu'à ce qu'ils soient suffisamment ramollis, après quoi on les râpera et on passera la pulpe au tamis, comme nous l'avons expliqué au chapitre précédent.

Lorsqu'on aura ainsi formé la fécule, on y mêlera un pour cent de carbonate de soude, et on laissera macérer le mélange pendant vingt-quatre heures en le remuant de temps en temps, après quoi on le délayera dans une assez grande quantité d'eau, on laissera déposer et on décantera; on recommencera deux ou trois fois ce lavage. Après cela, la fécule pourra être traitée de la même manière que nous l'avons dit pour celle de pommes de terre.

Un second traitement au carbonate de soude, à raison de un demi pour cent, enlèverait le peu d'amertume que le premier pourrait avoir laissée.

Macis et noix muscade.

Ces deux substances sont le produit d'un très bel arbre qui croît naturellement aux Moluques, et qui est cultivé particulièrement aux îles de Benda. Il a été transporté à l'Ile de France en 1770 et 1772, par Poivre; on le cultive aussi depuis long-temps à Cayenne et dans les Antilles. Les botanistes le nomment, d'après Thunberg, *myristica moschata*, et le placent dans la famille des myristicées.

Son fruit est un drupe pyriforme, marqué d'un sillon longitudinal, de la grosseur d'une pêche. Le brou en est charnu, mais peu succulent; il s'ouvre à mesure qu'il mûrit et se dessèche; on voit quelquefois en Europe de ces fruits entiers qui ont été cueillis avant leur maturité, et confits à l'aide du sucre.

La noix de la muscade est entourée par une membrane pulpeuse, de couleur safranée, nommée arille, qui est divisée en laciniures linéaires, qu'on croyait mal à propos la fleur du muscadier. Cet arille est connu dans le commerce sous le nom de *macis*. Sous cet arille, on trouve la noix qui est ronde, dont l'odeur et la saveur sont très aromatiques, sa couleur est grisâtre; elle contient beaucoup d'huile essentielle dans son parenchyme charnu; elle est aussi sillonnée à l'extérieur. L'huile essentielle de muscade, qui est très douce, prend le nom de beurre de muscade, et est jaunâtre. Elle a une odeur de muscade bien caractérisée et est d'une couleur jaune marbrée.

Le *macis* est une enveloppe laciniée, épaisse, qui se trouve sous le brou du fruit; lorsqu'elle est récente, elle est d'un assez beau rouge; elle est jaune par la dessiccation. Elle sert d'enveloppe à une espèce de coque brunâtre qui couvre les noix muscades. Le macis ressemble assez à la muscade pour l'odeur et la saveur; mais il est plus amer est plus piquant. Son huile est très estimée.

Maïs.

Le maïs, blé de Turquie, blé d'Inde (*zea maïs*) qui appartient à la famille des graminées (monœcie triandrie) contient dans sa tige une quantité assez notable de sucre analogue à celui de canne. Ce suc, extrait de la plante à l'état frais, pourrait donc fournir une boisson fermentée qui offrirait une ressource dans les pays du Nord où cette plante végète bien, mais où le grain n'atteint pas toujours une maturité complète. On a aussi essayé avec succès de remplacer l'orge par son grain dans la fabrication de la bière.

Malt.

Voyez l'article *orge* et *fécule*.

Marrons.

Voyez le mot *châtaignes* et l'article *maronnier d'Inde*.

Mélasse.

Les mélasses sont les résidus de la fabrication et du raffinage des sucres, et comme ces matières se trouvent à très bas prix dans le commerce, et qu'elles renferment encore du sucre incristallisable, on s'en sert dans la fabrication des boissons économiques pour leur donner la matière sucrée nécessaire pour leur faire subir la fermentation alcoolique et leur donner le degré de spirituosité convenable.

Limets, limons et lumies.

Voyez l'article *oranges*.

Melon.

Le melon (*cucumis melo L.*), plante originaire de l'Asie, de la famille des cucurbitacées (monœcie syngénésie) fournit, comme on sait, un fruit que son parfum, sa saveur et sa délicatesse ont fait rechercher depuis long-temps pour la table, et qu'on cultive exclusivement pour cet objet dans les jardins maraîchers. Nous ne ferons pas ici l'énumération des nombreuses variétés que l'on connaît aujourd'hui, mais nous dirons que dans quelques pays et entre autres en Normandie, on cultive souvent le melon en plein champ, et que dans le cas de grande abondance, ou bien avec ceux qui, lors de l'arrière saison, ne peuvent réussir à atteindre leur maturité, on pourrait, à l'aide du principe sucré qui réside dans le jus, préparer une boisson économique pour l'automne et l'arrière-saison.

Merises.

Voyez l'article *cerises*.

Miel.

Nous ne chercherons point à établir si le miel se produit dans l'estomac des abeilles, ou si elles le puisent tout formé dans les fleurs, et ne font que l'élaborer. Nous nous bornerons à dire que le miel est une variété de sucre qu'on récolte en quantité dans les contrées où croissent abondamment les plantes aromatiques. C'est une erreur de croire qu'ils sont d'autant plus blancs, que ces végétaux sont dans les climats plus chauds. Il suffit de citer celui des Pyrénées orientales, qui est en général très coloré, tandis que celui du département de l'Aude est blanc ou jaune doré. Dans le midi de la France, notamment à Narbonne, on l'extrait des ruches deux fois par an, au mois de mai et au mois de septembre; le premier est plus aromatique, plus blanc, plus consistant et de meilleure qualité. Au bout d'un an, il dépose des cristaux qui, lavés dans l'alcool, sont de sucre presque pur.

Les miels les meilleurs sont blancs ou jaunes dorés, ils sont aromatiques, épais, transparents; ils se solidifient d'autant plus vite, qu'il contiennent davantage de sucre cristallisable; aussi, ceux d'automne, qui en contiennent beaucoup moins, restent-ils plus long-temps liquides. Le miel le plus estimé est celui de Narbonne; vient ensuite celui du Gatinois. On en prépare une boisson connue sous le nom d'hydromel.

Millet.

Le grand millet noir ou millet d'Afrique, doura d'Égypte (*holcus sorghum L.*), sorgho, d'après le *bulletin de pharmacie* de l'année 1812, renferme une certaine quantité de matière sucrée qui en a été extraite par M. Arduino et par M. Monati, ce qui permet de croire qu'on parviendrait aisément avec le suc de cette plante à en préparer une liqueur fermentée propre à servir de boisson.

Moût.

Nom qu'on donne en général aux dissolutions sucrées de raisin, de fruit, d'orge germée ou malt, etc., qui sont destinées à éprouver la fermentation alcoolique pour en fabriquer des vins, des eaux-de-vie, des bières ou autres liquides fermentés, servant de boisson. On peut consulter, sur la préparation des moûts, les articles *Fécule*, *Orge*, etc.

Mûres.

Le mûrier (*morus nigra* L.) est un arbre de la famille des urticées (monœcie triandrie), qu'on dit originaire de l'Asie Mineure et qui, à une certaine époque de l'année, donne en abondance un fruit dont la saveur est douce, sucrée et aigrelette, dont on peut fabriquer des boissons depuis juillet jusqu'en septembre. On sait qu'il y a aussi un mûrier à fruit blanc (*morus alba*) dont la feuille sert à nourrir les vers à soie, et dont le fruit est moins agréable au goût que celui du mûrier noir.

Myrtille.

Voyez au mot *airelle*.

Navet.

Le navet (*Brassica napus* L.) appartient à la famille des crucifères (tetradynamie siliqueuse). C'est une plante bisannuelle dont les variétés sont aujourd'hui très nombreuses, et parmi lesquelles nous citerons le *navet de freneuse* qui ne réussit bien que dans certains terrains, le *navet des vertus* qui est à chair douce et tendre, la *rabioule* ou *turneps*, le *navet du Limousin* qu'on donne surtout aux bestiaux, qui prospère presque partout et acquiert des dimensions quelquefois considérables ; les *navets jaunes d'Écosse*, *de Hollande*, etc. La plupart de ces plantes renferment un principe sucré qu'il ne serait pas difficile de faire entrer en fermentation, et dont on pourrait composer des boissons économiques.

Nèfles.

Le *néflier* (*mespilus germanica* L.), arbrisseau indigène

de la famille des rosacées (icosandrie trigynie), produit un fruit âpre avant la maturité et qui, cueilli vers le commencement d'octobre et resté quelque temps sur la paille, acquiert une saveur douce et sucrée. Outre l'espèce commune, on en cultive une autre à fruits plus gros, et une à fruits sans noyau (*mespilus apyrena*).

Noix muscade.

Voyez l'article *Macis*.

Noyer.

Le noyer (*juglans regia L.*), arbre originaire de la Perse et de la famille des térébinthacées (monœcie polyandrie), fournit une sève dont M. Banon, pharmacien à Toulon, a retiré un très bon sucre et qui pourrait, par conséquent, servir à faire une boisson fermentée.

Suivant Parmentier, on fait à la fin de l'hiver et pendant tout le printemps, à l'aide d'une tarière de 15 millimètres de diamètre, un trou de 8 centimètres de profondeur au tronc de cet arbre ; on y met une cannelle de roseau ou de sureau, et la sève découle en abondance, claire et limpide.

OEillet.

L'œillet (*dianthus caryophyllus L.*), plante de la famille des caryophyllées (décandrie digynie), et originaire d'Afrique, a produit, par la culture, une infinité de variétés qui diffèrent par leur couleur, leur forme simple ou double, leur odeur, leur aspect, etc. Nous ne parlons ici de cette fleur que pour citer l'œillet dit grenadin ou œillet à ratafia qu'on cultive exprès pour parfumer les liqueurs, les essences, et qu'on pourrait faire servir à aromatiser les boissons économiques.

OEufs.

On se sert parfois des blancs d'œufs battus en neige, avec ou sans la coquille, pour clarifier certaines boissons qui persistent à rester troubles malgré le repos, ou qu'on veut rendre promptement claires. Nous citerons, entre autres, l'hydromel qu'on clarifie par ce moyen ou par la colle de poisson.

Oranges.

L'oranger (*citrus L.*) est un arbre de la famille des aurantiées (polyandrie icosandrie) qui nous vient, dit-on, des Indes et de la Chine, et ne prospère en pleine terre que dans les portions les plus méridionales de l'Europe qui fournissent les fruits en abondance aux portions plus froides de cette partie du monde. D'après le bel ouvrage publié par Risso et M. Poiteau, et intitulé Histoire naturelle des orangers, le nombre des variétés de ce bel arbre s'élèverait à plus de cent, que ces habiles naturalistes ont partagé en sept divisions distinctes par les caractères suivants :

1. *Orangers*. Tige arborée ; feuilles à pétiole ailé, vésicules de l'écorce du fruit convexes; pulpe pleine de jus doux, sucré, très agréable.

2. *Bigaradiers*. Tige moins élevée, feuillage plus étoffé, à pétiole plus ailé ; vésicules de la peau du fruit, concaves ; pulpe pleine de jus acide et amer.

3. *Limoniers* ou *Citronniers*. Tige arborescente à rameaux effilés, flexibles, souvent épineuse ; à feuilles oblongues, portées sur des pétioles marginés ; fleurs lavées de rouge en dehors ; fruit ovale, oblong, lisse ou rugueux, à vésicules concaves, rempli d'une pulpe abondante, contenant beaucoup de jus acide et savoureux.

4. *Cédratiers*. Rameaux plus courts et plus raides que les limoniers; fruits plus gros, plus verruqueux, et surtout chair plus épaisse, plus ferme, très bonne à confire ; pulpe et jus moins considérables.

5. *Limettiers*. Port et feuilles de limonier ; fleurs blanches, petites, d'une odeur douce ; fruit d'un jaune pâle, ovale, arrondi, mamelonné, vésicules de l'écorce, planes ou légèrement concaves, pulpe douceâtre, fade ou légèrement amère.

6. *Lumies*. Différant des limetiers par leurs fleurs rouges en dehors.

7. *Pampelmouses*. Taille moyenne, rameaux gros, obtus, glabres ou pubescentes dans leur jeunesse; feuilles fort grandes, à pétiole largement ailé ; fleurs les plus grandes du genre, souvent 4 pétales; fruit très gros, arrondi ou pyriforme, à écorce lisse, jaune pâle, à vésicules planes ou

convexes, selon que le jus de l'intérieur est plus ou moins doux, pulpe verdâtre, peu abondante.

M. Poiteau a depuis long-temps remarqué que les oranges ont les vésicules d'huile essentielle de leur écorce d'autant plus convexes que le jus de leur pulpe est plus sucré; les limes qui ont le jus fade, ont les vésicules planes; les bigarades qui ont le jus acide et amer ont les vésicules concaves.

Orge.

L'orge (*hordeum L.*), graminée de la famille des céréales (triandrie digynie), dont on connaît plusieurs espèces, mais c'est principalement de l'*Escourgeon, scourgeon, orge d'hiver, orge carré d'hiver* (*hordeum vulgare hybernum*), dont on se sert pour le maltage et dans la préparation de la bière et des moûts sucrés fermentescibles.

Nous croyons devoir ici indiquer les procédés de maltage de l'orge, parce que c'est le grain qu'on prépare ainsi le plus communément, mais qu'on peut appliquer aussi aux autres pour en faire des moûts sucrés et fermentescibles.

Le maltage se compose de plusieurs opérations qu'on fera connaître sommairement ici, d'après M. Payen qui a très bien décrit cette opération, telle qu'on l'exécute dans les brasseries.

« Le *mouillage* de l'orge a lieu dans de grandes cuves en bois ou des réservoirs en pierre. On les remplit d'eau d'abord jusques à une hauteur telle que, le grain étant ensuite versé et mélangé, il soit recouvert de quelques centimètres par le liquide; tous les grains lourds tombent au fond, et les plus légers surnagent. On doit enlever ces derniers avec une écumoire; car non-seulement ils ne germeraient pas et donneraient très peu de principes utiles dans la fabrication de la bière; mais ils produiraient un effet nuisible. On peut les employer à la nourriture des poules.

» On laisse tremper l'orge dans la cuve mouilloire, jusqu'à ce que tous les grains, pris au hasard, plient facilement entre les doigts et ne présentent plus une sorte de noyau dur à l'intérieur, ou s'écrasent sans craquer sous la dent; ce qui a lieu plus ou moins promptement, suivant la température de l'air, la nature de l'eau et quelques autres circonstances, mais entre 10 heures au moins et 60 au plus. Il est utile de *changer* 2 ou 3 fois l'eau dans laquelle on fait tremper le grain, soit pour enlever quelques matières dissoutes, soit pour empêcher une fermentation préjudiciable de s'établir.

» Lorsque le grain a été suffisamment imbibé, on le *lave* encore par une dernière addition d'eau que l'on fait écouler aussitôt, afin d'enlever une matière visqueuse qui se développe surtout dans les temps chauds; on le laisse égoutter et achever son gonflement pendant 6 ou 8 heures en été, 12 à 18 heures en hiver ; on le fait ensuite sortir par une large bonde pratiquée au fond de la cuve mouilloire. Il tombe sur le dallage, et on s'empresse de l'étendre d'abord en un tas de 35 à 40 cent. d'épaisseur environ.

» Pendant que le grain est en tas, une partie de l'humidité s'exhale, peu à peu la température de la masse s'élève de 3 à 4 degrés, et la germination commence. Dans les temps de gelée, il est utile de favoriser cette action en maintenant la chaleur dans le grain; à cet effet, on le couvre de sacs vides ou de vieilles toiles.

» Aussitôt qu'en enlevant la couche supérieure du tas, on aperçoit à chaque grain une petite protubérance blanchâtre qui annonce les premiers progrès de la germination, on empêche une augmentation trop considérable de la température, en retournant tout le tas et le répandant en couches plus minces sur le dallage du germoir.

Le *germoir* doit être le plus possible à l'abri des changements de température; des caves sont donc très convenables pour cette destination, ou, à défaut, des celliers clos de murs épais et munis de doubles portes.

» L'épaisseur de la couche de grain, d'abord très peu moindre que celle du tas, doit être de 30 c. environ dans les temps froids, et de 25 seulement dans l'été ; mais à la fin, on la réduit à une épaisseur, toujours la plus égale possible, de 10 cent. au plus. On retourne le grain ainsi étendu 2 ou 3 fois par jour et même plus, ce qui dépend de la température extérieure. On doit se proposer surtout de répartir la chaleur dans toute la masse aussi également que possible. Pour cela, il est bon de maintenir la couche plus épaisse près des portes et dans tous les endroits sujets à quelque refroidissement; il faut, au reste, éviter que la température ne s'élève trop, et avoir le soin d'aérer le grain d'autant plus fréquemment que la germination s'avance plus vite.

La *radicule* commence d'abord à sortir; le germe ou *plumule* qui doit former la tige se gonfle, et, partant du même bout par lequel la radicule sort immédiatement, s'avance par degrés lents sous la pellicule ou épisperme qui enveloppe le grain et gagne vers le bout opposé; les radicules acquièrent beaucoup plus de longueur, et se divisent en 3, 5, 6, ou 7 radicules ou petites racines.

» Il est quelquefois *utile* d'arroser l'orge immédiatement avant de la retourner, et 2 ou 3 fois pendant le cours de l'opération, lorsqu'on voit qu'il y a trop de sécheresse.

» Il convient mieux d'étendre l'orge en couches plus minces, que de la faire retourner trop fréquemment, de peur d'écraser trop de grains et d'occasionner ainsi une odeur désagréable provenant de leur altération ultérieure; dans la même vue, on travaille souvent pieds nus dans les germoirs.

» La germination est à son point dès que, dans la plupart des grains, la plumule a parcouru toute leur longueur sous l'enveloppe.

» Si on laissait le grain végéter passé le terme que nous venons d'indiquer, la tige future deviendrait visible à l'extérieur; elle s'accroîtrait rapidement, l'intérieur du grain serait alors laiteux; bientôt les principes utiles épuisés laisseraient l'enveloppe presque complètement vide.

On peut germer moins, c'est-à-dire terminer l'opération avant que la plumule ou gême ait atteint plus des $2/3$ de la longueur du grain. Cette mesure est même utile lorsque l'on doit employer exclusivement l'orge germé, car on obtient plus de produit; mais si l'on voulait se servir de *fécule*, il conviendrait de pousser la germination jusqu'à ce que la gemmule commençât à sortir.

» Le temps pendant lequel l'orge doit rester étendu sur le carrelage ne peut être déterminé d'avance; mais lorsque l'opération est bien conduite, il ne doit pas être moindre que dix jours, ni plus considérable que vingt.

» La germination est beaucoup plus difficile dans les temps chauds, et à peu près impossible en grand pendant les gelées ; aussi doit-on faire son approvisionnement de malt depuis le mois d'octobre jusque dans les premiers jours de mai. »

Dès que l'orge est arrivée au point précis de germination, on la fait sécher dans les brasseries, au moyen d'un appareil appelé touraille et que nous ne décrirons pas ici. Dans les petits ménages on pourrait employer l'orge ainsi germé, et sans la faire sécher pour la préparation immédiate des boissons, ou bien si on voulait la conserver, il suffirait de la passer au four après qu'on en aurait extrait le pain. Dans tous les cas, cette dessiccation ne doit pas être portée trop loin et au point de caraméliser la matière sucrée qui s'est développée dans le grain.

Quand l'orge est suffisamment séchée, les brasseurs sont dans l'usage d'en séparer la radicule, au moyen de bluteau ou d'un tarare. On a prétendu que, pour la préparation des boissons économiques, on pourrait très bien se dispenser de cette séparation des germes, le fait est exact, mais, en même temps, il faut convenir que ces germes n'ajoutent aucune matière utile à la boisson puisqu'ils ne renferment ni sucre, ni amidon, et qu'on leur a reproché avec raison de lui communiquer un goût désagréable.

On a calculé que 100 parties d'orge en poids donnent, après toutes les opérations, 75 parties de malt sec.

Pour faire servir ce malt à la préparation d'un moût fermentescible, on le passe dans un moulin ou on le broye par un moyen quelconque et on le démêle dans l'eau une ou plusieurs fois jusqu'à ce qu'on l'ait épuisé de toutes les matières solubles qu'il renferme, et qu'il ne reste plus que les enveloppes. C'est à la dissolution ainsi obtenue qu'on donne le nom de moût.

Pampelmouses.

Voyez l'article *Oranges*.

Panais.

Le panais (*pastinaca sativa L.*), de la famille des ombellifères (pentandrie digynie), est une racine oblongue, bisannuelle, d'une saveur sucrée et aromatique dont on peut utiliser le jus pour préparer une boisson salubre.

Patates.

La patate douce, batate (*convolvulus batatas L.*), de la famille des liserons (pentandrie monogynie), est une plante des pays chauds qu'on a commencé à acclimater dans nos pays, et dont la racine charnue et farineuse contient une fécule sucrée et agréable qui, mise dans des circonstances particulières, peut produire un moût fermentescible, propre à servir de boisson. On connaît plusieurs variétés de patates, les unes rouges, les autres jaunes, mais cette culture est encore trop peu répandue et trop difficile pour espérer qu'on puisse en attendre des produits économiques.

Pêches.

Le pêcher (*amygdalus persica L.*) est un arbre qui est originaire de la Perse et qui appartient à la famille naturelle des rosacées (icosandrie monogynie).

Les races et les variétés aujourd'hui connues sont nombreuses, et nous vous bornerons à citer les principales d'après la nouvelle édition du *Traité des arbres fruitiers*, que vient de publier M. Roret (*).

I. Parmi les pêches à duvet et qui quittent le noyau, nous indiquerons la *mignonne hâtive*, la *mignonne frisée*, la *pêche vineuse de Fromentin*, la *belle-beauce*, grosse et bonne, mais tardive; la *grosse mignonne*, espèce précieuse; l'*abricotée* ou *admirable jaune*, *grosse jaune*, assez rustique et féconde; la *pêche pourprée*, *hâtive* ou *vineuse*; la *magdeleine blanche*, la *magdeleine de Corfou*, *magdeleine rouge* ou *paysanne*; l'*admirable* ou *belle de Vitry*; la *bourdine*, le *téton de Vénus*, la *royale*, la *petite mignonne*, etc.

II. Dans les pêches à duvet, mais où la chair adhère au noyau, nous compterons :

Le *pavie de Pompone*, *pavie monstrueux*, le *pavie-magdeleine*, *pavie blanc*; le *pavie tardif* et le *pavie alberge*.

III. Parmi les pêches lisses à chair, quittant le noyau, on peut citer :

(*) *Nouveau Traité des arbres fruitiers*, par Duhamel, nouvelle édition, très-augmentée par MM. Veillard, de Mirbel, Poiret et Loiseleur-Deslongchamps; 2 vol. in-folio, ornés de 145 planches. Prix : fig. noires, 50 fr.; fig. coloriées, 100 fr.; fig. coloriées, format jésus vélin, 150 fr.

La *desprès*, la *jaune lisse*, la *violette hâtive* et la *grosse violette* ou *violette de Corfou*.

IV. Enfin, dans les pêches lisses à chair adhérente au noyau, on ne compte que le *brugnon musqué*.

Plantes aromatiques.

Beaucoup de vins de fruits ou de boissons économiques ont besoin, pour en relever la saveur et pour leur donner une sorte de bouquet, et en même temps pour les rendre plus stimulantes et d'une plus facile digestion, qu'on y fasse infuser ou macérer, lors de la fermentation, des plantes qui renferment quelques huiles essentielles, d'une saveur agréable ou vive. Nous citons en particulier quelques-unes de ces substances dans le présent chapitre, mais nous en rappellerons encore quelques autres communes sous le titre indiqué ci-dessus.

La sauge officinale. *Salvia officinalis.*
L'hysope. *Hyssopus officinalis.*
La sariette. *Satureia hortensis.*
La lavande officinale. *Lavendula vera.*
Le marube. *Marrubium vulgare.*
Le thym. *Thymus vulgaris.*
Le serpolet. *Thymus serpillum.*
L'origan. *Origanum vulgare.*
Le dyctame. *Origanum dictamus.*
Le basilic. *Osimum basilicum.*
La moldavique. *Dracocephalum moldovica.*
La verveine. *Verbena communis.*
L'armoise citronelle. *Artemisia abrotanum.*
L'absinthe. *Artemisia absinthium.*
La menthe. *Mentha sativa.*
La menthe poivrée. *Mentha piperata.*
Le coriandre. *Coriandrum sativum.*
La violette. *Viola odorata.*
La mélisse officinale citronelle. *Melissa officinalis.*
Le romarin. *Rosmarinus officinalis.*
La marjolaine. *Origanum majoranoïdes.*
La gentiane. *Gentiana lutea.*
La camomille romaine. *Anthemis nobilis.*
Le fenouil. *Anethum feniculum.*
L'angélique. *Angelica archangelica.*

Et beaucoup d'autres plantes qui croissent spontanément ou dans les jardins, dont on peut faire usage pour l'objet désigné, suivant les goûts ou les sympathies de l'estomac.

Poires.

Le poirier (*pyrus L.*), bel arbre indigène, de la famille des rosacées, et qui acquiert une hauteur de 10 à 12 mètres. Parmi les innombrables variétés qu'a produit la culture, nous citerons les *bons chrétiens d'été, d'hiver, d'Espagne, de Bruxelles, d'Auch*; les *beurrés d'Aremberg, de Capioment, d'Angleterre, d'hiver*; les *doyennés gris* ou *d'automne, blancs, d'hiver*; les *bergamottes d'été, d'automne, d'hiver, suisses, de la Pentecôte, de Hollande, crassane*, la *mouille-bouche*, la *belle de Bruxelles*, les *Bezys-Chaumontel* et *de Lamotte*, les *Martin-secs*, la *virgouleuse*, la *poire Saint-Germain*, *duchesse d'Angoulême, royale d'hiver*, les *Colmar*, le *Catillac*, et une foule d'autres dont on trouvera le nom et la description dans le *Traité des arbres fruitiers de Duhamel, nouvelle édition*, 2 vol. in-folio, et dans l'*Histoire du poirier et de sa culture* par M. Duval, ouvrages publiés par M. Roret.

Indépendamment de ces poires qui sont celles qu'on cultive principalement dans les jardins, il en est beaucoup d'autres qu'on fait végéter en plein champ et qui servent à la fabrication du poiré, boisson qu'on prépare surtout dans les pays où la culture de la vigne ne saurait réussir. Parmi ces poires, nous mettrons en première ligne le *poirier de branche*, le *raguenet* et le *poirier de chemin*, puis viendront le *sabot*, le *sauger* ou *poirier de sauge*, le *binetot*, le *gros ménil*, le *maillot*, le *gréal*, le *moque friand*, et beaucoup d'autres encore qu'on cultive dans les pays à cidre et à poiré, mais dont les variétés et la nomenclature ne sont peut-être pas encore parfaitement établies. Du reste, on peut consulter, sur les poires destinées à faire cette boisson, le *Manuel du Fabricant de cidre et de poiré* de l'encyclopédie Roret.

On sait qu'on fait depuis long-temps sécher au four des poires dans les pays où ces fruits abondent, et qu'on se sert ensuite de ces fruits desséchés pour en préparer une boisson assez agréable au moyen de la fermentation. C'est une sorte de poiré, mais moins agréable et moins savoureux que celui de poires fraîches.

Pomme de terre.

La pomme de terre (*solanum tuberosum L.*) appartient à la famille des solanées (pentandrie monogynie). Nous croyons inutile d'entrer dans des détails sur ce tubercule qui est connu de tout le monde, et dont on compte maintenant une foule de variétés. Nous rappellerons seulement ici qu'on fabrique avec de la fécule de pomme de terre des sirops dits de dextrine qu'on peut faire entrer dans la fabrication des boissons économiques fermentées, ainsi que des moûts sucrés pour la fabrication des eaux-de-vie. Nous allons, à cet égard, entrer dans quelques explications.

Premier procédé. — L'on fait cuire les pommes de terre à la vapeur et on les réduit en pâte fine; sur 100 kil. (200 liv.) de cette pâte, l'on ajoute de 6 à 6 kil. 500 grammes) (12 à 13 liv.) de malt en farine grosse, et l'on continue par l'addition de l'eau chaude et les autres pratiques que nous avons indiquées à l'article fécule. Pour y déterminer la fermentation, on y ajoute ensuite 250 grammes (1/2 l.) de bonne levure de bière fraîche.

Deuxième procédé. — Délayez 80 kilogrammes (160 liv.) de fécule de pommes de terre dans 200 litres d'eau à la température ordinaire; ajoutez peu à peu 200 autres litres d'eau à l'ébullition, et 20 kilog. (40 livres) de malt délayé dans suffisante quantité d'eau chaude; au bout de 3 ou 4 heures, ajoutez la levure et la quantité d'eau nécessaire.

Procédé de M. Dubrunfaut. — On prend une cuve à double fond, d'une contenance d'environ 8 hectolitres. On place sur son double fond 10 à 12 kil. (20 à 24 liv.) de courte paille en une couche bien égale en épaisseur; on étend dessus 100 k. (200 liv.) de pulpe de pommes de terre crues, telle que la donne la râpe. On laisse égoutter pendant environ une demi-heure, et l'on ouvre le robinet placé entre les deux fonds, pour laisser écouler cette partie de son eau de végétation qu'elle a abandonnée. Deux ouvriers remuent alors avec des râbles pendant qu'on y fait arriver de 4 à 500 litres d'eau bouillante. Toute la masse s'épaissit par la conversion de l'amidon en empois; on y fait alors macérer 25 kil. (50 liv.) d'orge maltée; on agite bien; et après 3 ou 4 heures, on soutire, à l'aide du robinet précité, le liquide que cette masse donne par la filtration sur le double fond, et on le verse dans la cuve à fermentation qui peut ne contenir que onze hectolitres, dont un pour le vide. On laisse égoutter pendant un quart-d'heure, on soutire cette seconde liqueur; on l'ajoute à la première et puis l'on brasse le marc avec 2 hectolitres d'eau bouillante; on soutire encore cette liqueur; enfin on épuise le résidu en y versant 2 ou trois hectolitres d'eau froide. Toutes les liqueurs sont réunies dans la cuve en fermentation, et l'on ajoute la levure de bière dans les mêmes proportions que nous avons indiquées.

On opère aussi la saccharification des pommes de terre par l'acide sulfurique, et pour cela, on délaie la fécule dans une cuve, d'où on la fait tomber dans celle de macération où arrivent simultanément un jet de vapeur d'eau et un filet d'acide qui saisissent à la fois la fécule et la convertissent en matières sucrées. Cette opération s'exécute de différentes manières; voici celle qu'a décrite M. Dubrunfaut : la cuve a une capacité égale à 30 hectolitres; elle peut ainsi comporter aisément le travail de 300 kilog. (160 liv.) de fécule. On amène dans la cuve 600 litres d'eau; le feu étant mis sous la chaudière, on chauffe cette eau à la vapeur jusqu'à environ 8°. Pendant ce temps, on délaie séparément, dans une cuve disposée à cet effet, les 300 kil. (600 liv.) de fécule avec 600 kilog. (1200 liv.) d'eau et 6 kilog. (12 liv.) d'acide sulfurique à 66°. Alors on verse par petites portions cette fécule délayée dans la cuve à saccharifier, par la trappe qu'elle porte à sa partie supérieure, en ayant soin de faire mouvoir l'agitateur. La bouillie trouve ainsi dans la cuve, de l'eau à une température suffisante pour la convertir en empois, et l'acide sulfurique ne tarde pas à le liquéfier. Il est essentiel, pour le succès de l'opération, et pour ne pas rencontrer de difficultés, de ne pas verser la fécule en une seule fois, mais bien en trois reprises différentes et en trois parties égales. On verse les premières lorsque l'eau de la cuve est à 80°, en ayant soin de remuer le mélange. L'on continue le chauffage à la vapeur ; l'empois se liquéfie, et la température qui s'était abaissée par le seul fait de l'addition de la bouillie, ne tarde pas à remonter à 80°. Alors on ajoute la deuxième partie de la fécule délayée, on agite, et quand la chaleur est remontée à 80°, on y verse la troisième partie. On continue de chauffer jusqu'à ce que la température soit parvenue encore à 80°. On ferme alors la trappe avec soin, et l'on abandonne la cuve à elle-même pendant 6 heures. On ouvre alors la trappe, et on neutralise l'acide sulfurique au moyen du carbonate de chaux. Pour la quantité de 6 kilog. (12 l.) d'acide sulfurique employé, il faut environ 10 kilogrammes (20 livres) de carbonate de chaux, ou craie en poudre fine, qu'on délaie dans deux ou trois fois son poids d'eau, et qu'on verse peu à peu dans la cuve, en ayant soin de remuer l'agitateur. On connaît que tout l'acide sulfurique est saturé ou neutralisé quand, en y versant de la craie, il ne s'opère plus d'effervescence ; alors on ajoute un peu plus de ce carbonate ; car un excès n'assure que mieux la saturation de l'acide, et ne nuit point à l'opération. On laisse reposer : le sulfate de chaux se précipite ; on soutire et l'on délaie la liqueur jusqu'à ce qu'elle ne marque plus que 5 à 6 à l'aréomètre. On met la levure comme à l'ordinaire.

30 Kilog. (60 liv.) de fécule, ainsi saccharifiée, donnent de 20 à 25 litres d'eau-de-vie à 19°.

L'on connaît que la saccharification de toute la fécule a eu lieu quand, en versant dans la liqueur quelques gouttes de teinture d'iode, elle ne prend pas une couleur bleue. Si le contraire a lieu, c'est une preuve que l'opération n'est pas complète.

Voyez l'article *Glucose*.

Pommes.

Le pommier (*pyrus malus L.*), est un arbre indigène, de taille moyenne, de la famille des rosacées (icosandrie trigynie), et dont le nombre de variétés dépasse aujourd'hui 120. Parmi celles cultivées dans les jardins, pour la table, on remarque les *calvilles d'été*, *blanc* et *rouge d'hiver*, *rouge d'automne*, la *pomme de châtaignier*, les *fenouillets gris, jaune, rouge*, les *rainettes franches*, *d'Angleterre*, blanche, rouge, jaune, rousse, de *Hollande*, de *Canada*, d'*Espagne*, grise, le *pigeonet*, le *pigeon*, le *rambour d'hiver*, l'*api*, le *court-pendu*, etc. Voyez le *Traité des arbres fruitiers*, Paris, Roret.

Quant au pommier à cidre, le nombre des variétés douces, amères et acides est très considérable, et malgré les monographies qu'on a essayé d'en faire, il règne encore de l'incertitude sur leur identité et leur synonimie, et comme nous ne parlerons ici de la boisson faite avec le jus des pommes, que pour mémoire, et pour ne rien omettre dans la nomenclature des fruits qui servent à faire des boissons, nous conseillons à ceux qui voudraient acquérir des notions plus étendues sur ce sujet, de consulter le *Manuel du Fabricant de cidre et de poiré*, qui fait partie de l'*Encyclopédie-Roret*.

Potiron.

Voyez l'article *courges*.

Primevère.

La primevère commune (*primula veris L.*), plante de la famille des primulacées (pentandrie monogynie), fournit des fleurs en ombelles, qu'on peut employer fraîches ou sèches, pour fabriquer un vin dit de primevère, dont on fera connaître la composition.

Prunes.

Le prunier (*prunus L.*), est un arbre à racines traçantes, de la famille des rosacées, (icosandrie monogynie), et dont il existe aujourd'hui un nombre très considérable de variétés. Parmi celles-ci, nous citerons les *damas musqué, violet, noir, gros et petit, d'Espagne*; la *prune de Monsieur*, la *royale de Tours*, les *perdrigeons blanc, violet, rouge*; la *brignole*, dont on fait les pruneaux, les *reines-claudes, verte, petite, violette*; la *prune-abricot*, les *mirabelles*, les *impériales*, la *sainte-catherine*, la *couetsche* dont on fait aussi des pruneaux, etc.

Le prunier sauvage, Prunellier, épine noire, Prunier des haies (*prunus spinosa L.*), produit un fruit appelé prunelle, qui est styptique, acidule, avec lequel on peut préparer une boisson, et qui, introduit dans les vins, leur communique une saveur assez agréable.

Raisins.

Vitis vinifera (Lin.). Elle fut apportée par les Phocéens, dans les Gaules. L'empereur Julien dit, dans son Misopogon, qu'il cultivait de fort bon vin dans sa chère Lutèce, qui était alors renfermée dans l'île de la Cité. Cet arbrisseau est assez connu pour n'avoir pas besoin de le décrire. Nous nous bornerons à dire que le raisin, ou fruit, est en baies globuleuses ou ovales, noires ou blanchâtres à leur maturité, à une loge contenant cinq graines entourées d'une pulpe sucrée. La vigne a produit, par la culture, plusieurs variétés ; voici les plus estimées à Paris : voyez le *Manuel du Vigneron de l'Encyclopédie-Roret*.

R. *Morillon hâtif*, ou R. *précoce de la Madeleine* : grappe petite, grain noir ou blanc.

Chasselas de Fontainebleau : grappe à gros grains peu serrés. Il y a le *noir*, le *violet*, le *rouge*, le *rose* et le *hâtif*.

Chasselas doré, *Bar-sur-Aube*, ou *raisin de Champagne* : grappe douce, grande, sucrée.

Chasselas musqué : tardif, assez gros, sucré.

Cioutat ou *Raisin d'Autriche* : grappe et grains petits.

Verdal : très bon, sucré.

Muscat blanc ou *de Frontignan* : grappe conique, grain sucré et musqué.

Muscat rouge : grain d'un rouge brun.

Muscat d'Alexandrie, ou *Passe-longue musquée* : grain ovale, musqué.

Cornichon blanc : grappe allongée, petite, grains ronds, sucré.

Corinthe blanc et *C. violet* : grains jaunâtres sans pépins.

Verjus ou *Bordelais* : grosse grappe, grains oblongs, noirs, rouges ou jaunes.

Saint-Pierre : grains blancs, gros.

Toutes ces variétés sont pour la table ; celles qui suivent sont plus particulièrement destinées à faire du vin.

Le *Terret*, le *Carignan*, le *Meunier*, le *Morillon*, le *Murlot* ou *Languedoc*, le *Plant du roi* ou *Bourguignon*, la *Feuille ronde* ou *Bourguignon blanc*, le *Meslier*, le *Pineau gris*, le *Mansard*, la *Rochelle noire et blonde*, etc.

On prépare avec le moût ou suc du raisin, outre les différentes qualités de vin, des piquettes et autres boissons économiques.

Réglisse.

La réglisse (*glycyrrhiza glabra G.*), est une plante de la diadelphie décandrie de Linnée, de la famille des légumineuses, du Midi de l'Europe, qu'on cultive surtout pour sa racine longue, traçante et menue, qui renferme un principe sucré, dont on fait des boissons économiques bien connues de tout le monde, mais qu'on pourrait utiliser plus avantageusement pour cet objet. La plus estimée est celle qu'on tire d'Espagne et d'Italie, mais on en rencontre qui croît naturellement dans le midi de la France, et on la cultive dans plusieurs départements.

Robinier.

Le robinier, faux acacia, acacia blanc commun (*Robinia pseudo acacia L.*), est un grand arbre connu de tout le monde, d'une croissance rapide et à fleurs odorantes. Parmentier rapporte, d'après Guillotin-Fougère, que la sève de cet arbre est très sucrée, et qu'on pourrait l'extraire, de même que celle du bouleau, pour en faire une boisson fermentée.

Ronces.

La ronce commune (*rubus fruticosus L.*), ronce des bois, mûre de haie, mûre de Renard, Catherinette des bois, arbrisseau épineux, indigène, de la famille des rosacées (icosandrie polygynie), est une plante qui végète spontanément dans les bois, et qui est bien connue de tout le monde. Ses fruits, qui sont doux et comestibles, et de couleur rouge sanguin, peuvent servir à préparer des boissons. On en connaît plusieurs variétés rouges, et des variétés sans épines, d'autres à fruits blancs, et c'est, dit-on, avec le fruit de la ronce, qu'on fait en général le vin dit muscat rouge de Toulon.

La ronce à fruit bleu (*rubus cæsius L.*) ronce rampante,

donne aussi un fruit dont on peut fabriquer une boisson, et qui sert à donner de la couleur et de la saveur aux vins.

Sapin.

Les sapins (*abies L.*), sont des arbres de la famille des conifères (monœcie monadelphie), qui prospèrent principalement dans les parties montagneuses ou septentrionales de l'Europe et de l'Amérique. Il y en a quelques espèces dont les jeunes pousses servent à communiquer quelqu'arôme à des bières de qualité médiocre. Nous citerons entre autres le sapin de Canada, *hemlock-spruce* des anglais, avec lequel on prépare ce qu'on nomme les *spruce-bier*, et le sapin blanc de Canada, sapinette blanche, et enfin le sapin noir, dont on se sert principalement en Amérique, pour l'objet indiqué. On prépare même dans ces pays, un extrait de ces matières qu'on y connaît sous le nom de *essence of spruce*, et qui entre dans la composition des bières de ménage.

Sarrasin.

Le sarrasin (*polygonum fagopyrum L.*), *blé noir*, *carabin*, *bucail*, *bouquette*, est une plante de la famille des polygonées (octandrie trigynie), qui produit un grain noir, rempli d'une matière féculante blanche, et dont on se sert parfois en Allemagne, en y mêlant de l'orge germée, pour produire des moûts sucrés, propres à donner des eaux-de-vie de grains.

Seigle.

Le seigle (*secale cereale L.*), est une graminée, de la famille des céréales (triandrie digynie), bien connue de tout le monde, et dont on se sert parfois dans la fabrication des bières économiques et la préparation des moûts sucrés et fermentescibles, après toutefois l'avoir mélangé à de l'orge germée.

Sel marin.

Le sel marin, sel commun, chlorure de sodium des chimistes, est parfois employé, surtout en Allemagne, pour faciliter la conservation de la bière. On pourrait l'appliquer au même usage pour conserver les autres boissons économiques.

SIROP DE RAISIN.

Ce n'est pas tout que de travailler pour l'opulence, on doit chercher encore à satisfaire aux exigences des diverses classes de la société ; c'est pour cela que nous avons cru devoir consacrer quelques pages au sirop de raisin. Sa préparation exige plusieurs opérations que nous allons décrire.

Extraction du moût. — On doit faire choix des raisins les plus mûrs et les plus sains ; il faut alors les égrapper, parce que la grappe, malgré l'opinion de M. Poutet, communique au moût une saveur âpre, désagréable, en donnant, autant que possible, la préférence aux raisins blancs. On les foule après les avoir cueillis et égrappés, on les soumet au pressoir et on laisse déposer le moût pour le tirer bientôt après au clair. Il est un grand nombre de fabricants qui reçoivent le moût au sortir du pressoir, dans de grandes corbeilles remplies de paille. Cette espèce de filtre le dépouille de la peau, des grains et de plusieurs autres impuretés. Il est bien entendu que le moût étant sujet à éprouver bientôt la fermentation alcoolique, on doit l'employer de suite ou le soumettre, pour le conserver, à l'opération suivante :

Du mutisme. — Le but de cette opération est de préserver le moût, plus ou moins de temps, de la fermentation vineuse. Elle joint à cet avantage celui de décolorer presque entièrement la liqueur. L'acide sulfureux est employé de temps immémorial à cet effet. Pour cela, on brûle de trois à cinq mèches soufrées dans une barrique de 2 hectolitres, on la remplit de moût à moitié, on la bouche et on l'agite pour faire absorber le gaz acide sulfureux à la liqueur. On la débouche ensuite, et on la vide pour renouveler l'air dont l'oxygène a été absorbé par la combustion du soufre et sa conversion en acide. On brûle alors dans la barrique, 4 autres mèches soufrées, on y introduit le moût déjà muté une fois; on bouche, on agite; et, en suivant le procédé que nous venons de décrire, on mute une troisième fois le moût, qui reçoit alors le nom de *vin muet*. Ce vin, ou sirop *moût* de *conservation*, est mis ensuite dans des tonneaux soufrés que l'on bouche bien.

Nous croyons que cette opération doit être plus certaine, si, au lieu de brûler ces mèches soufrées dans les tonneaux vides, on y introduit un tiers de moût. Comme le gaz acide sulfureux est très soluble dans l'eau, il doit nécessairement être absorbé en partie par le moût; cette absorption ou solution est même favorisée par la pression opérée sur le liquide. La combustion terminée, on bouche la barrique et on la roule quelque temps sur elle-même. Après l'avoir débouchée, nous croyons qu'au lieu de soutirer le moût pour renouveler l'air désoxygéné par la combustion du soufre, il suffirait d'injecter de l'air dans la barrique au moyen d'un soufflet dont le tuyau y pénétrerait par la partie latérale du fond, à 27 millimètres (1 pouce) au-dessus de la liqueur.

On a cru reconnaître dans les moûts de certaines fabriques, mutés par l'acide sulfureux, une saveur hydro-sulfurique, due sans doute à des sulfites de potasse et de chaux formés aux dépens des surtartrates du moût; c'est ce qui engagea les chimistes de cette époque, Parmentier surtout, à chercher un nouveau mode de mutisme.

Quelques auteurs pensèrent alors que, pour muter le moût, il ne fallait qu'oxygéner le ferment, qu'ils regardaient comme un principe immédiat végétal, quoique aucune expérience n'ait encore démontré son existence comme un corps particulier, mais bien comme un composé de plusieurs autres éléments. C'est d'après cette manière de voir qu'ils expliquaient l'action de l'acide sulfureux et de quelques acides métalliques également propres au mutisme (1). Mais l'introduction de ces acides dans ces moûts, donnant lieu à des tartrates doubles dont les sirops retenaient une grande partie, dut faire abandonner leur emploi. M. Pèrpère proposa l'acide sulfurique en excès. Il en résulte qu'il faut une plus grande quantité de carbonate de chaux pour saturer les acides du moût, et qu'une petite portion de sulfate de chaux formé reste en dissolution dans le sirop qui est alors fade. MM. Deyeux et Poutet ont prétendu que cet acide, en réagissant sur la matière sucrée, exerçait une action des-

---

(1) Les anciens ont connu cette propriété de certains oxydes de conserver le moût. Et M. Muller a fait observer que le moût versé sur le sous-carbonate de fer n'a pas coutume de fermenter.

tructive. Nous croyons cette opinion peu fondée, attendu que l'acide sulfurique est étendu d'une trop grande quantité d'eau pour opérer une telle réaction. Laroche et Proust ont recommandé le *sulfite de chaux*. Ce dernier a fait observer, en même temps, qu'une trop grande quantité de ce sel communiquait aux sirops un goût hydro-sulfurique, et que le *minimum* de la dose propre au mutage de 50 kilogrammes (100 livres) de moût à 8 degrés est de 16 grammes (1/2 once).

M. Poutet, qui s'est beaucoup occupé de la fabrication du sirop de raisin, s'est livré à quelques réflexions très judicieuses sur l'action de l'acide sulfureux sur le moût. Si l'on veut, dit-il, accélérer le travail du mutage tout aussi bien qu'avec le sulfite de chaux, on pourra se servir de l'acide sulfureux liquide en graduant sa force et ses proportions.

Le moût provenant du raisin noir se décolore ainsi complètement. Cependant, si on n'a pas la précaution de le saturer immédiatement après le mutage, et qu'on le laisse en repos avec sa fécule, pour attendre sa précipitation, la liqueur reprend une couleur plus vive, que M. Poutet attribue à la conversion de l'acide sulfureux en sulfurique, par l'absorption de l'oxygène du moût ou de l'air. D'après lui, cet acide sulfurique ayant la propriété d'aviver les couleurs rouges, produirait dans le moût le même effet. Un nouveau mutage détruit cette couleur rosacée. On l'entonne alors pour le garder jusqu'à l'époque des soutirages. Le moût de raisin déjà saturé, traité par l'acide sulfureux, loin d'être muté par cet acide, accélère au contraire sa fermentation; en effet, le moût se trouble bientôt après le soufrage et fermente de suite, d'après les observations du chimiste précité.

Saturation des acides du moût. — L'expérience ayant fait connaître que les acides s'opposaient plus ou moins à la cristallisation des matières sucrées, on a été conduit naturellement à dépouiller le moût de son acide malique et du tartrate acidule de potasse et de chaux qu'il contient, afin de mieux isoler ainsi le sucre de raisin. Cette désacidification du moût a donc fait l'objet des recherches de plusieurs chimistes. Les uns ont conseillé de l'opérer à chaud; les autres à froid. M. Poutet ayant reconnu que l'un ou l'autre moyen était également bon, a adopté celui à froid, comme économisant du combustible, laissant déposer plus vite les tartrates et malates, et donnant enfin des sirops plus décolorés.

On remplit donc une grande cuve à moitié du moût, afin que l'effervescence ne fasse pas verser la liqueur; on y projette de petites quantités de marbre blanc en poudre ou de la craie, jusqu'à ce qu'il ne s'opère plus d'effervescence. Pour être plus certain de cette saturation, on ajoute un excès de carbonate qui, comme insoluble, se dépose sans nuire en rien au moût. Chaque fois qu'on projette du carbonate, et tant que l'effervescence due au dégagement de l'acide carbonique dure, on doit remuer le moût avec une large spatule en bois. Quand le moût de la plus grande partie s'est éclairci par le dépôt de l'excès du carbonate calcaire employé, et des malates et tartrates de chaux, on soutire la liqueur claire, et l'on filtre le dépôt à travers des blanchets. La liqueur contient encore de l'acide carbonique et un peu de malate et de tartrate de chaux, dont il est bien difficile de dépouiller entièrement la liqueur.

Le moût saturé doit être clarifié de suite; sinon, du jour au lendemain, il éprouve un tel changement, par le contact avec l'air, qu'il se colore et communique sa couleur aux sirops. Pour prévenir cet effet, M. Poutet conseille de mêler au moût la quantité de sang de bœuf nécessaire pour sa clarification, et d'exploiter le lendemain ce moût. Les sirops sont alors blancs, au lieu d'être fauves, comme cela aurait lieu sans ce moyen. Tous les carbonates calcaires peuvent être employés pour saturer les acides; mais on doit choisir de préférence ceux qui ont le moins de cohésion et qui sont les plus purs, comme le marbre blanc en poudre.

L'opération que nous venons de décrire est supposée faite sur du moût récent et non muté. Quand on opère sur ce dernier, il est évident qu'il se passe de nouveaux effets chimiques. La couleur du liquide augmente et devient d'autant plus noirâtre que le point de saturation approche. Au bout de 12 à 15 heures, il se forme, au fond et sur les parois du vase, un dépôt violacé que MM. Proust et Poutet ont reconnu pour être un sulfure de fer. La clarification en dépouille presque entièrement le moût. Ce dernier chimiste attribue à la formation de ce sulfure et à l'existence de sulfate de chaux dans le moût muté et saturé, la blancheur du sirop de raisin. Le fer de ce sulfure est dû aux carbonates calcaires employés pour la saturation des acides. D'où l'on doit en déduire qu'il faut choisir les plus purs, comme le marbre blanc en poudre.

Nous ajoutons même qu'il est toujours avantageux de muter le moût plus ou moins, afin de produire ce sulfure de fer. Sans cela cet oxide métallique formerait probablement, à ce que croît M. Poutet, un tartrate de fer qui, restant en solution dans le sirop, le colorerait. Outre cela, dit-il, le sulfate de chaux, formé, contribue à sa décoloration. On doit donner la préférence au carbonate calcaire sur la chaux, parce qu'au moyen de l'effervescence produite, on atteint plus aisément le point de saturation, et que l'insolubilité de ce sel fait qu'on ne peut point l'outre-passer, quelle que soit la dose qu'on en emploie.

Clarification du moût. — Quelle que soit la limpidité du moût, il contient toujours des corps étrangers, improprement désignés sous le nom de *fécule*, qui troublent ensuite la transparence du sirop. Il convient donc d'en dépouiller le moût par la clarification : cette opération est indispensable. M. Poutet s'est convaincu par un grand nombre d'expériences, 1° que 500 grammes (1 liv.) de *serum rouge*, ou sang fouetté de bêtes à cornes, étaient suffisants pour clarifier complètement 50 kil. (100 liv.) de moût; 2° que six blancs d'œufs, ou trois œufs avec leurs jaunes, donnaient les mêmes résultats. Le premier procédé est le plus économique, attendu que 500 gram. (1 livre) de sang ne coûtent pas 10 centimes. Voici comment on pratique cette opération : on bat avec un balai d'osier 500 grammes (1 liv.) de serum rouge avec 2 kil. 500 gram. (5 liv.) de moût saturé, et on les délaie ensuite dans 48 kil. (96 liv.) de moût également saturé. On agite bien le mélange, on le verse dans une chaudière; on allume le feu, et on porte peu à peu la liqueur à l'ébullition. Aux premières impressions du calorique, elle se trouble; il se forme des flocons brunâtres qui entraînent les matières étrangères. On ralentit alors le feu pour diminuer le bouillon et enlever les écumes; il s'en forme de nouvelles qu'on enlève encore, et l'on donne un bon coup de feu pour compléter la coagulation. Ces dernières écumes étant séparées du moût, on fait réduire celui-ci à moitié, et on filtre à travers des blanchets jusqu'à ce que le sirop passe bien clair.

M. Poutet a fait une remarque curieuse, c'est que les produits obtenus par le sang ou les blancs d'œufs sont également blancs, si l'on opère sur des moûts mutés. Il n'en est pas de même s'ils n'ont pas subi l'opération du soufrage; alors la supériorité du sang est bien démontrée par la supériorité du sirop, qui est plus beau et conserve la saveur du fruit. L'auteur conserve plus de 15 jours des provisions de sang de bœuf en lui faisant absorber deux fois son volume de gaz acide sulfureux.

Cuite du sirop de raisin. — Pour qu'un sirop puisse se conserver, il faut qu'il soit porté à un degré de concentration convenable, sinon il ne tente plus à fermenter. C'est l'effet qu'on opère par l'évaporation de l'eau superflue. Il convient d'évaporer rapidement cet excès de liquide, si l'on veut obtenir des sirops presque incolores; sinon, l'action prolongée du calorique leur communique une couleur indélébile. Aussi a-t-on recommandé d'employer les chaudières très évasées et peu profondes : M. Poutet a obtenu des sirops blancs en ne mettant dans chaque chaudière que 162 millim. (6 pouces) de moût clarifié. Par ce moyen, l'évaporation est prompte, et le sirop est bientôt réduit à 32 degrés, qui sont le point de sa cuite. On doit disposer les chaudières dans le fourneau de manière à ce que le feu ne touche que le fond; car s'il se portait sur les parois, il pourrait caraméliser la liqueur.

Manière de reconnaître la cuite du sirop. — On reconnaît la cuite du sirop de raisin lorsque le boursoufflement de la liqueur est beaucoup plus vif, ou qu'en en versant une cuiller sur une assiette, et séparant le sirop en y promenant cette cuiller, les parties séparées tardent à se réunir, comme pour les sirops de miel. Enfin, l'aréomètre de Beaumé, plongé dans un sirop de raisin bouillant et cuit au point convenable, doit marquer 32 degrés. On doit alors enlever le sirop, afin de le garantir de l'altération que le calorique ne tarderait pas à lui faire éprouver. Il est des auteurs qui recommandent de le faire cuire jusqu'à 35 et même 36 degrés, pour prévenir la fermentation. Cette précaution est inutile pour le moût des raisins bien mûrs et peu chargés de tartre.

Remarques. — Il n'est pas indifférent d'évaporer rapidement ou lentement le moût de raisin. Dans le premier cas, la substance végéto-animale du raisin est détruite, et le sirop a une saveur franche ; si l'évaporation est lente, au contraire, cette substance s'y conserve en partie et donne au sirop un goût de manne. Nous ajouterons que quelque vif que soit le coup de feu que l'on donne au sirop, il conserve cette saveur tant qu'il n'a pas dépassé de 26 à 28 degrés ; mais ce n'est qu'au-delà de ce point que ce goût disparaît : de manière que c'est à cette substance végéto-animale que le sirop de raisin devrait en partie cette saveur de manne.

Refroidissement du sirop. — Les sirops de raisin doivent-ils être refroidis lentement ou graduellement? Plusieurs fabricants ont pensé, que, par un refroidissement gradué, ils déposent beaucoup mieux les substances salines qu'ils contiennent. Je partage l'opinion contraire de M. Poutet : 1° parce qu'il ne m'est pas démontré que les sirops bien préparés contiennent des sels insolubles ou peu solubles ; 2° parce que le refroidissement subit ou gradué de la liqueur n'influe en rien sur la précipitation de ces sels, quand bien même ils y existeraient ; 3° parce que je crois, au contraire, qu'un refroidissement subit serait plus propre à favoriser leur précipitation, si j'en juge du moins par ce principe, adopté par les fabricants, de porter les substances salines, au sortir des chaudières, dans des endroits frais pour favoriser la cristallisation des sels ; 4° enfin, parce que l'expérience a démontré que les sirops de raisin devaient le moins possible rester exposés au contact de l'air pour ne pas se colorer. C'est pour cette raison qu'on les fait refroidir subitement en les faisant passer dans des larges serpentins en fer-blanc ou en cuivre étamé, entourés d'eau. Ces sirops, ainsi refroidis, doivent être introduits de suite dans les barriques.

Nous avons déjà dit que le sirop bouillant, exposé au coutact de l'air, se colore ; un fait non moins remarquable, c'est que, si l'on verse du sirop incolore et bouillant dans une terrine contenant des sirops incolores et froids, tous les deux se colorent en même temps. Un long séjour sur le feu développe aussi cette coloration. Il est bon cependant de faire observer que l'évaporation lente ou rapide donne des sirops blancs, et qu'ils ne sont colorés que lorsque le bouillon est parfois ralenti. Voici comment M. Poutet cherche à expliquer ce fait : l'évaporation lente, dit-il, n'est pas capable de colorer les moûts, et l'ébullition rapide ne le peut pas aussi, parce que le premier ne carbonise pas le mucoso-sucré, et que la seconde, lorsqu'elle est bien entretenue, n'a pas la propriété de faire perdre au produit la blancheur qu'on lui désire. Jusqu'à présent, nous ne voyons là aucune explication satisfaisante ; poursuivons : cette similitude de faits se rapporte pourtant au même principe ; car dès qu'on arrête l'ébullition rapide du moût, soit qu'il se trouve alors à 20 ou 25 degrés, c'est de suite le mettre en contact avec la partie inférieure de la chaudière qui, recevant l'impression vive de la chaleur, altère le sirop et ne tarde pas à le rendre fauve. Au contraire, lorsque la liqueur se trouve dans un état de rotation constante, le calorique amène à l'état gazeux l'eau surabondante du sirop, etc. Nous ne pousserons pas plus loin une explication qui ne nous paraît reposer sur aucun fait rationnel.

Sirops de fruits.

Les fruits à l'état frais n'existent pas en toute saison, et il faut profiter de celle où ils sont abondants pour les récolter et faire subir à leurs sucs une préparation qui permet ensuite d'en faire usage toute l'année, soit directement, soit pour préparer des boissons. L'article précédent a fait connaître les principales manipulations qu'on peut faire subir à un fruit sucré pour le convertir en sirop ; nous nous bornerons donc à présenter un seul exemple de la préparation d'un sirop de ce genre, exemple qui servira à préparer tous les autres.

Ce sirop peut se préparer de la manière suivante : on prend cerises aigres, framboises, groseilles, de chacune parties égales. On prive les cerises de leurs noyaux, on réunit les fruits dans une terrine, on les écrase avec soin, on ajoute au produit un cinquième de vin de bonne qualité, on porte la terrine à la cave; après vingt-quatre heures de séjour on soumet à la presse; on filtre le suc obtenu par la pression, et on fait dissoudre dans ce produit à l'aide de la chaleur du bain-marie, en se servant d'un ballon de verre, du sucre blanc en poudre grossière dans la proportion de 956 grammes (1 livre 14 onces) de sucre sur 500 grammes (1 livre) de sucre filtré; on termine le sirop et on le conserve dans des bouteilles bien propres et bien sèches.

Sorbes.

Le sorbier des oiseleurs, cochène (*sorbus aucuparia L.*), est un arbre de la famille des rosacées (icosandrie trigynie), de 7 à 8 mètres de hauteur, indigène, qui produit des grappes de fruits ronds, d'un effet agréable par leur rouge de corail, mais c'est surtout du sorbier domestique ou cormier (*sorbus domestica L.*), arbre indigène dont les fruits pyriformes, jaune-verdâtre, teints de rouge et qu'on nomme cormes, sorbes, peuvent être mangés et servent à préparer une boisson, que quelques personnes boivent avec plaisir.

Souchet.

Le souchet-comestible, amande de terre (*cyperus esculentus L.*), plante de la famille des cypéracées (triandrie monogynie) qui végète dans le midi de l'Europe et dont les racines sont garnies de tubercules nombreux, remplis d'un jus sucré dont on peut préparer un orgeat fort agréable ou une boisson fermentée.

Spruce.

Voyez au mot *Sapin*.

Du sucre.

Les chimistes désignent par ce nom toute substance organique soluble, douée d'une saveur douce, agréable, légèrement aromatique, connue de tout le monde, et qui, mise en contact avec l'eau et un ferment, se décompose à une certaine température, c'est-à-dire que ses éléments réagissant les uns sur les autres, il y a formation d'alcool combiné avec l'eau, alcool qu'on peut séparer par la distillation, et de gaz acide carbonique qui se dégage. Cette réaction par laquelle les principes constituants de certaines matières organiques se désassocient pour se combiner dans un ordre nouveau, est ce qu'on nomme une *fermentation alcoolique*. On connaît aujourd'hui quatre espèces de sucre :

1° Le sucre ordinaire qu'on trouve dans la canne, dans la betterave ; les racines de chiendent, de panais, de carottes, de patates ; dans la tige de plusieurs graminées, la sève de l'érable, du bouleau, dans le fruit du châtaignier, etc.

2° Le sucre de raisin, plus abondant, il est vrai, dans ce fruit, mais que l'on rencontre également dans la plupart des fruits, notamment ceux des rosacées à pépins et à noyaux, dans les figues, les dattes, les groseilles, les céréales germées, la tige du maïs, celle de l'holcus, etc. Ce sucre s'obtient aussi artificiellement en traitant la fécule amilacée ou la fibre ligneuse par l'acide sulfurique, d'après le procédé de Kirchofft.

3° Celui découvert par M. Braconnot dans l'*agaricus volvaceus*, qui cristallise en prismes quadrilatères à base carrée.

4° Le sucre que contiennent les urines de certains individus affectés d'une maladie appelée diabétès, qu'on connaît sous le nom de diabétès sucré.

Les caractères sur lesquels repose la distinction qu'on a établie entre ces quatre espèces de sucre, sont aujourd'hui si bien établis par la chimie et l'optique, qu'il n'est plus possible de les confondre.

La première de ces espèces, la seule qui soit l'objet d'une exploitation importante, sera aussi la seule dont nous nous occuperons avec le plus de détails et à laquelle on devra rapporter les propriétés que nous attribuons au sucre. La deuxième espèce, le sucre de raisin, n'a eu qu'une importance momentanée : sa fabrication est aujourd'hui généralement abandonnée. La troisième et la quatrième ne sont intéressantes que sous le rapport de la science ; aussi nous bornerons-nous à l'indication que nous en avons faite.

Le sucre de cannes et de betteraves, à l'état de pureté, est solide, sans odeur, incolore et légèrement transparent lorsqu'il est cristallisé, blanc ; quand il est en masse, sa saveur est douce et agréable ; si l'on frotte deux morceaux de sucre l'un contre l'autre, dans l'obscurité, il se manifeste une lueur phosphorique très sensible; son poids spécifique, d'après Fahrenheit, est de 1,6065.

Soumis à l'action du feu, le sucre se boursoufle, se décompose en répandant une odeur de caramel, et laisse, lorsque l'opération est faite en vase clos, un charbon brillant très volumineux.

Le sucre est très soluble dans l'eau, beaucoup moins dans l'alcool; il cristallise facilement; ses cristaux ne contiennent presque pas d'eau de cristallisation, puisqu'ils seraient composés, d'après les expériences de M. Berzélius, de :

Sucre réel. . . . 100
Eau. 5 6
_____
105 6

Suivant Gillot, la forme primitive des cristaux de sucre est un prisme quadrangulaire à base de parallélogramme, dont le petit côté est au grand : : 7 est à dix ; et la hauteur du prisme, moyenne proportionnelle entre les deux dimensions de ce parallélogramme. La forme qu'il affecte le plus ordinairement est un prisme quadrangulaire surmonté par un sommet à deux faces.

Les dissolutions du sucre exposées, pendant fort longtemps, à une température de $+$ 60° à 80° centigrades, se colorent, et le sucre qu'elles contiennent perd la propriété de cristalliser.

Les alcalis, tels que la chaux, la potasse, la baryte, etc., versés dans des dissolutions de sucre, se combinent avec lui sans l'altérer ; ces composés, d'une saveur amère et astringente, sont incristallisables : les acides, en s'emparant des bases de ces dissolutions, rendent au sucre ses propriétés primitives. Des expériences ont appris que si une combinaison semblable avec la chaux est abandonnée à elle-même pendant plusieurs mois, il se dépose des cristaux de carbonate de chaux ; le sucre se décompose et se convertit en une substance mucilagineuse ayant la consistance de l'empois.

Les acides sulfurique et hydrochlorique détruisent le sucre en grande partie ; l'acide nitrique le fait passer successivement à l'état d'acide malique, et puis d'acide oxalique, si les proportions d'acide nitrique sont suffisantes.

La propriété dont jouit le sous-acétate de plomb, de précipiter la plupart des substances végétales, tandis qu'il ne précipite pas le sucre, peut être mise à profit pour le séparer de presque toutes ces substances.

Lavoisier fut le premier qui détermina les principes constituants du sucre; mais Gay-Lussac et Thénard d'une part, et M. Berzélius de l'autre, en ont constaté les proportions; voici leurs analyses :

	Selon Gay-Lussac et Thénard, en poids.		Selon Berzélius, en poids.
Carbone,	42,47	—	44,200
Oxigène,	50,63	—	49,015
Hydrogène,	6,90	—	6,785

Le sucre de cannes ou de betteraves sert principalement, dans l'art qui fait l'objet de ce Manuel, à donner aux boissons une saveur douce et agréable, et surtout à leur fournir au besoin l'élément fermentescible qui en se convertissant en alcool leur communique le degré de spirituosité qu'on y cherche.

Sureau.

Le sureau commun ou sureau noir (*sambucus nigra L.*) est un arbre indigène de la famille des caprifoliacées (pentandrie trigynie) qui acquiert une hauteur de 6 à 7 mètres et végète avec une extrême vigueur dans les terrains frais. Sa fleur, ou mieux celle du sureau à feuilles découpées (*sambucus variegata*), qui a une odeur aromatique, est utilisée dans la préparation de quelques boissons économiques dont on trouvera plus loin la recette. On s'en sert pour donner à ces boissons un faux goût de muscat. On fait aussi usage des baies du sureau noir et de celle de l'yèble (*sambucus ebulus*) dont le suc est acidulé et apéritif, pour préparer des vins de fruits agréables.

Tartre.

Tous les vins naturels renferment un sel qui s'y dépose sur les parois des tonneaux, en croûtes épaisses et dures, qu'on appelle vulgairement *tartre*, *tartre cru*, *crème de tartre*, qui dans la nomenclature chimique porte le nom de *bitartrate de potasse*, et qui est une combinaison d'acide tartrique et de *potasse*, mélangée à un peu de tartrate de chaux et de matière colorante. Ce sel se dépose en plus ou moins grande proportion dans la fermentation lente que subissent les vins après leur fabrication, à peine coloré quand il provient de vins blancs, et d'une teinte plus ou moins rougeâtre quand il est fourni par les vins rouges. A l'état de pureté sa saveur est légèrement acide, il cristallise en petits prismes durs. De la température 0° à 20° c., l'eau n'en dissout que de 1 à 1,5 p. cent; à 90°, elle en prend 9,5, et à 101° 25, elle en dissout 15,1. On extrait généralement le tartre des lies des vins qui ont déposé, et on le purifie par des dissolutions et des cristallisations répétées. Le tartrate de potasse sert dans la fabrication des boissons artificielles à donner à ces liqueurs une saveur qui les rapproche du vin de raisins, mais il faut en modérer la proportion parce qu'à forte dose il est purgatif. Il faut faire attention aussi que quelques fruits ou substances qui servent à fabriquer ces boissons, renferment déjà de l'acide tartrique, nous citerons, entre autres, les mûres, les racines de chiendent, les pommes de terre, etc.

Térébenthine.

La térébenthine est un produit mou qu'on obtient en pratiquant des incisions au tronc de plusieurs arbres de la famille des conifères et en particulier des pins, sapins et mélèzes, qui est formée d'une matière résineuse fixe et d'une huile volatile qu'on extrait par la distillation.

On a introduit quelquefois en Angleterre cette substance dans les bières économiques et de ménage, à la place du houblon, pour leur donner la propriété de se conserver et un goût particulier; mais cette saveur n'est pas agréable à tout le monde et, d'ailleurs, il faut être réservé dans l'emploi de la térébenthine dont l'huile essentielle jouit de propriétés médicales très actives.

Troëne.

Le troëne commun (*ligustrum vulgare*) est un arbrisseau indigène de la famille des jasminées (diandrie monogynie), qui se charge à l'automne de grappes, de baies noirâtres dont on peut, par la fermentation, extraire une boisson.

Verjus.

Le verjus, bourdelas, bordelais, est un très gros raisin à grains oblongs, jaune-pâle, noirs ou rouges, suivant la variété, rempli d'une eau agréable avant la maturité, qui n'a jamais lieu dans le nord de la France, et qui sert à préparer des boissons acides, salubres et très agréables.

LIVRE TROISIÈME.

CHAPITRE PREMIER.

Des fruits les plus propres à faire du vin.

L'invention des vins de fruits est attribuée par Virgile, dans ses Géorgiques, Livre III, aux habitants des pays froids dont l'industrie s'est appliquée à composer des liqueurs propres à rivaliser le vin.

Pocula lœti
Fermento atque acidis imitantur vitea sorbis.

Virgile parle ici de la bière que composaient les habitants du nord avec de l'orge fermentée, *fermento*, et des fruits aigres et sauvages, *acidis sorbis :* cette boisson était inconnue aux Romains, car il n'en est pas question dans leurs premiers auteurs d'économie rurale.

Palladius rapporte, mais comme ouï-dire, qu'on fait du vin et du vinaigre de sorbes, de mûres et de poires. *Item ex sorbis maturis, sicut ex piris vinum fieri traditur et acetum.* (*Pallad. II. XV.* 5.)

Cependant, les vers de Virgile expliquent, en effet, tout le secret des vins de fruits. Pour faire une boisson vineuse, il faut des fruits acides, un ferment et de l'eau. L'on n'en peut donc manquer dans aucun coin de la France; partout on y a des vergers où l'on peut en avoir : partout on peut se procurer la levure de bière qu'on sait réduire en poudre dans le département du Nord, et qui, dans cet état, peut s'envoyer au loin.

Outre les raisins, qui donnent le meilleur vin, il y a des fruits qui peuvent procurer des liqueurs vineuses. La pratique de faire du vin avec les produits de nos jardins mérite une attention générale. Les vins sont, dans beaucoup de pays, au-dessus de la portée du pauvre; c'est pourquoi l'homme doit s'efforcer d'y suppléer, en y substituant ce que nos fruits peuvent nous offrir de meilleur en ce genre.

Les fruits les plus propres à la fabrication du vin, sont les suivants : les groseilles à maquereau, les baies de sureau, les mûres, les framboises, les fruits de la ronce, les fraises, les groseilles rouges et blanches et les cassis. Ces fruits fermentent bien et fournissent un vin bon et sain.

C'est un préjugé vulgaire que les vins de fruits sont malsains. Ils peuvent ne pas convenir à la constitution de certaines personnes, mais il n'y a aucun fait qui confirme l'assertion que ces vins sont plus à redouter que les vins de raisins.

La santé des troupes romaines se conservait jadis par leur tisane militaire, qui était une sorte de vin de fruits séchés. Dans quelques pays qu'elles fussent, les légions faisaient sécher toute sorte de fruits sauvages, poires, pommes, sorbes, prunelles et autres, et buvaient la décoction ou l'infusion de ces fruits.

Les fruits pulpeux, tels que la pêche, le brugnon, la prune, la cerise, le damas et l'abricot peuvent aussi être employés; mais aucun de ceux-ci ne convient aussi bien à la fabrication du vin que les précédents.

Les grosses et petites groseilles sont, de tous les autres fruits, les plus communément employés pour la fabrication des vins factices, et surtout les mieux appropriés à cet usage. Lorsqu'on les emploie vertes, on peut en obtenir un vin clair et pétillant, imitant en quelque sorte le Champagne.

Les groseilles à maquereau peuvent faire un vin doux ou sec, mais ordinairement il n'a pas un parfum agréable, surtout si l'on n'a pas enlevé soigneusement les peaux.

Les groseilles en grappes mûres, lorsqu'on opère convenablement, donnent un meilleur vin que les groseilles à maquereau. Suivant le docteur Macculloch, une ébullition du jus de ces fruits pendant quelques minutes avant la fermentation, donne un résultat bien meilleur, et particulièrement lorsqu'on emploie des cassis qui, lorsqu'ils sont bien traités, peuvent donner un vin qui ressemble beaucoup aux meilleurs des vins doux du Cap.

Les fraises et les framboises peuvent également faire un vin sec et doux, et d'une qualité agréable.

Les baies de sureau sont aussi très bonnes pour faire d'excellent vin rouge qui est aussi recommandable par son bas prix. A la vérité, il n'a pas un très grand goût, mais il n'en a pas de mauvais, ce qui est une propriété négative, souvent très importante dans la fabrication des vins factices.

Les cerises donnent un vin qui n'a pas de caractère bien particulier; lorsqu'on les emploie il faut avoir soin de ne pas briser trop de noyaux, ce qui donnerait au vin une amertume désagréable.

Les fruits des ronces et les mûres peuvent donner des vins colorés; quoiqu'elles manquent de principe astringent, on peut les employer avec avantage en certaines occasions.

Les prunelles et les damas ont des qualités qui se ressemblent tellement, qu'elles donnent à très peu près le même résultat; leur jus est acide et astringent, c'est pourquoi on ne les emploie que pour faire des vins secs. Par un mélange convenable de groseilles ou de baies de sureau avec des prunelles ou des damas, on produit souvent un vin qui diffère peu des qualités inférieures de Porto.

Les raisins et autres fruits secs sont très employés pour faire des vins de ménage, c'est pourquoi ils méritent qu'on en fasse mention; lorsqu'ils sont traités convenablement, ils peuvent donner une liqueur vineuse pure, mais sans bouquet, très propre à recevoir celui que l'on peut désirer, et imiter ainsi plusieurs vins étrangers.

Les oranges et les citrons sont également employés pour faire des vins factices. Néanmoins, ils ne sont pas très propres à cet usage, parce qu'ils contiennent trop d'acide et trop peu d'extractif et de principe doux ou fermentescible.

Les abricots, les pêches et les coings, d'après leur ressemblance avec les pommes et les poires, sont plus propres à faire une espèce de cidre qu'à faire du vin.

CHAPITRE II.

Des vins de fruits.

En partant de ce principe que les vins factices sont destinés à imiter le vin de raisin, ce que nous avons à faire en premier lieu, c'est de préparer un jus ou moût semblable, dans sa composition, à celui du raisin. Il n'y a aucun fruit qui fournisse un jus précisément semblable à celui du raisin. Dans les climats du nord surtout, le principe sucré, qui est la base fondamentale dans la fabrication du vin, n'existe qu'en très petite proportion dans beaucoup de fruits. Il faut donc y suppléer par des moyens artificiels. L'acide tartrique, ou plutôt le tartrate acide de potasse, qui est un principe essentiel dans la fabrication du vin, manque également dans tous les fruits. Il faut donc aussi y suppléer. Au contraire, les autres substances, et en particulier l'acide malique, existent dans une trop grande proportion dans la plupart d'entre eux, et, dans leur état naturel, ils sont plus propres à faire du cidre que du vin. Il est très difficile, peut-être impossible de se débarrasser de l'acide malique, et de prévenir ses mauvais effets, ainsi que ceux des autres principes étrangers; et c'est ce qui rendra sans doute les vins factices toujours inférieurs à ceux de raisin, quoiqu'on puisse en approcher de très près, par de judicieux procédés.

Le moyen de parer à cet inconvénient, c'est de délayer le jus à un degré tel qu'une quantité donnée contienne autant d'acide malique, ou à peu près, qu'une même quantité de jus de raisin; et comme nous l'avons déjà observé, de suppléer artificiellement aux deux grands principes qui manquent, le sucre et le tartrate acide de potasse. Ayant ainsi préparé un moût artificiel aussi semblable que possible au jus de raisin, l'application des autres principes se présente d'elle-même, et il ne nous reste plus qu'à exécuter en général, avec exactitude, tous les procédés dont il va être question, comme si nous opérions sur du jus de raisin.

D'après ce que nous avons dit (page 17) de la fabrication

du vin de raisin, nos lecteurs ont déjà dû remarquer qu'il faut employer différentes méthodes, suivant l'espèce de vin que l'on veut obtenir. Cette remarque s'applique de même aux vins factices; il faut nécessairement que celui qui veut en fabriquer, détermine d'avance la qualité qu'il désire et modifie ses procédés en conséquence. Nous pouvons, avec le docteur Macculloch, partager les vins en quatre espèces principales : les vins doux, les vins mousseux, les vins secs et légers, analogues à ceux de Hoch, de Grave et du Rhin, dans lesquels le principe sucré s'est entièrement décomposé pendant la fermentation, et enfin les vins secs et forts, comme ceux de Madère et de Xérès.

Ceux de la première classe sont les vins doux, ou ceux dans lesquels la fermentation a été incomplète. C'est à cette classe que les vins factices ressemblent le plus ; ressemblance, dit le docteur Macculloch, qui, par sa généralité, fait voir que peu de ceux qui les fabriquent possèdent assez la connaissance de cet art pour discerner clairement ce que l'on peut appeler le défaut radical des vins factices : car on ajoute souvent une si grande quantité de sucre au jus des fruits, que la quantité de levain naturel, ou matière fermentescible, est insuffisante pour convertir tout ce sucre en vin ; il en résulte que la partie qui reste non décomposée est douce. L'usage du levain artificiel peut en quelque sorte corriger ce défaut, mais la quantité qu'on en ajoute est ordinairement disproportionnée.

L'addition de l'esprit de vin, si souvent recommandée dans les recettes pour la fabrication du vin, augmente la dépense, sans altérer leur salubrité. Si, par goût, on veut que le vin ait plus de force qu'il n'en a naturellement, et qu'on désire y ajouter de l'esprit, on peut le faire, mais avec certaines restrictions, et on obtient un mélange dans lequel un palais délicat distingue l'eau-de-vie. Pour rendre ce mélange plus intime et moins nuisible, il faudrait faire cette addition pendant que la fermentation est en activité. Le moment le plus convenable est celui de la fermentation insensible qui a lieu dans le tonneau. Par cette méthode, une portion au moins de l'esprit de vin ajouté forme, avec le vin, une combinaison permanente, à cause de la fermentation qu'il a éprouvée, et c'est la manière de détériorer le vin le moins possible.

Le docteur Macculloch recommande d'ajouter du tartre brut; la dose peut varier de un jusqu'à six pour cent, sans altérer la qualité du vin, parce qu'une grande partie de celui qui échappe à la décomposition se dépose par la suite. Tous les fruits, excepté celui de raisin, demandent une plus ou moins grande quantité de ce sel.

Dans la fabrication des vins factices, il faut donc avoir soin de ne pas employer trop peu de fruit, par rapport au sucre ajouté, car c'est principalement ce qui rend la fermentation incomplète, et donne ainsi aux vins factices une saveur douce et fade qui les rend désagréables à beaucoup de personnes, et peut-être même à tout le monde, si on n'y ajoutait pas de l'eau-de-vie. La force du vin est toujours proportionnée à la quantité du sucre employée, pourvu qu'il soit entièrement décomposé. Un jus donne donc un vin d'autant plus fort qu'il est naturellement plus sucré, ou que, dans la pratique, on y ajoute une plus grande quantité de sucre avant la fermentation, pourvu qu'on ait toujours soin d'ajouter assez de levain pour assurer la complète décomposition du sucre sans laquelle le produit acquiert de la douceur sans acquérir de la force. Mais, même avec cette précaution, il y a une limite à la quantité de sucre que l'on peut employer, et cette limite dépend évidemment de la quantité d'eau nécessaire pour la fermentation. On doit laisser continuer la fermentation plus long-temps, si on veut avoir un vin sec, et moins long-temps pour un vin doux. Mais, au contraire, si on veut conserver le parfum ou le bouquet du vin, il faut nécessairement en diminuer la durée. Il en sera précisément de même si on veut obtenir un vin mousseux, parce que l'acide carbonique, duquel dépend exclusivement cette qualité, serait irrévocablement dissipé en prolongeant trop la fermentation.

Tous les vins de fruits ont besoin d'être gardés long-temps, si l'on veut les avoir dans toute leur bonté : mais l'art a essayé d'accélérer nos jouissances et de hâter l'effet du temps.

Dans le second volume de son ouvrage sur les moyens d'amélioration pour les colonies, Cossigny a recherché depuis long-temps les moyens de donner promptement aux liqueurs nouvellement préparées, les qualités de vieilles. Il a essayé, sans succès, de mettre dans la glace les vases qui les contenaient, mais il a éprouvé que le feu produisait cet effet. Il a mis des bouteilles de liqueurs, fraîchement faites, dans un poêlon rempli d'eau, sur le feu ; au bout de quelques heures d'ébullition, elles avaient acquis les qualités que la vétusté leur donne, c'est-à-dire, que toutes les substances qui les composent s'étaient combinées plus intimement ; d'où il résulte qu'elles avaient une saveur plus agréable et plus moëlleuse.

Il y a un autre moyen que l'on a éprouvé avec grand succès depuis long-temps en Toscane pour vieillir, en très peu de mois, des vins récemment faits. C'est de déposer dans la terre les bouteilles qui les contiennent, et qui doivent être bien cachetées, de les couvrir de sable, et de les oublier ainsi pendant neuf à dix mois. (Voyez dans l'*Introduction à la feuille du Cultivateur*, page 317, la méthode employée par un propriétaire pour améliorer son vin, tirée du *Cours d'Agriculture*.*) Il paraît que l'expérience avait été tentée d'après une indication de Pline le naturaliste. C'est par un autre procédé, mais surtout le même principe, que les Russes conservent leur bière dans la glace. On met sur le plancher de la glacière, un lit de glace ; on y place un rang de tonneaux ; on en remplit les intervalles avec de la glace pilée et de la neige ; on recouvre de glace et de neige, sur laquelle on met d'autres tonneaux, et ainsi de suite, jusqu'à ce que la glacière soit remplie. Deux ou trois fois par semaine, quand il fait froid, on ouvre la porte extérieure du plafond pour donner de l'air et laisser évaporer l'humidité. Il y a aussi, dans le plancher, des ouvertures de grandeur médiocre pour l'écoulement des eaux ; la bière se conserve très bien dans les glacières.

Enfin, l'on sait que depuis un certain nombre d'années, on est dans l'habitude, dans certains pays vignicoles de la France, de chauffer les vins dans des locaux portés à une certaine température, pour que la liqueur puisse se parfaire et en hâter la maturité. On opérera certainement avec succès sur les vins de fruit.

(*) 16 vol. in-8°, édition DÉTERVILLE, prix : 56 fr., chez RORET.

CHAPITRE III.

DES DIFFÉRENTS VINS DE FRUITS SEULS.

Vin de groseilles à maquereau.

Prenez 25 litres de groseilles qui ne soient pas encore mûres, débarrassées des restes des fleurs et de leurs queues, écrasez-les par parties dans un cuvier de bois ou au moyen du moulin qu'on voit sur la planche jointe à la fin de cet ouvrage, sans trop presser les peaux, et sans écraser les pépins, délayez la masse dans 10 litres d'eau, et après l'avoir abandonnée pendant dix ou douze heures, mettez-la dans un sac de canevas grossier, et exprimez la liqueur; mettez sur le résidu cinq litres d'eau, laissez-le macérer douze heures, pressez-le et ajoutez-en le jus à celui que vous avez déjà obtenu. Mettez le tout dans un cuvier, et ajoutez-y 10 kilog. de sucre et 250 grammes de tartre brut pulvérisé.

Remuez le mélange, et ajoutez-y de l'eau jusqu'à ce que vous ayez un volume de quarante litres : couvrez-le avec une couverture ou un sac, et laissez-le dans un endroit un peu chaud.

Au bout d'un jour ou deux, le liquide commencera à fermenter, et lorsque la mousse qui apparaîtra à la surface s'y sera répandue uniformément, écumez-la, et répétez cette opération de temps en temps, jusqu'à ce qu'il ne se forme plus d'écume. Lorsque la fermentation sera arrivée à ce point, vous tirerez la liqueur de dessus la lie, dans un tonneau qu'on doit toujours tenir plein.

Une petite quantité d'écume continuera toujours à se séparer et à couler par la bonde, à cause de la fermentation lente qui aura lieu dans le tonneau, et qui diminuera la quantité de liqueur; cette perte doit être réparée en ajoutant de temps en temps une portion de la liqueur qu'on a faite dans ce but, de manière que le tonneau soit toujours plein jusqu'à la bonde.

Lorsque la fermentation aura presque cessé, il faudra mettre le bondon et l'enfoncer légèrement, mais il faudra percer un petit trou à côté, et y adapter légèrement un fausset, pour laisser une issue à l'acide carbonique qui pourra se développer. Lorsqu'il ne se formera plus d'écume, on pourra boucher cette ouverture avec le fausset, et laisser le tonneau tranquille cinq ou six mois. Après ce temps, il faudra soutirer le vin dans un autre tonneau, et, s'il n'est pas clair, on pourra le clarifier en y mettant une petite quantité de colle de poisson dissoute dans l'eau, ce qui le rendra clair en peu de jours après lesquels on peut le mettre en bouteilles et le porter dans une cave fraîche.

Si le vin est trop doux, on peut, avant de le tirer au clair, exciter de nouveau la fermentation, en l'agitant dans le tonneau, et le laisser reposer dans un endroit chaud. Par ce moyen, une nouvelle portion du sucre non décomposé qu'il contient, disparaîtra. On peut alors décanter le vin. Quelquefois il a besoin d'être décanté une seconde fois dans un tonneau propre, après qu'on l'a laissé reposer deux mois.

Dans quelques cas, il faut le mettre en bouteille pendant le mois de mars, pourvu que le vin soit devenu parfaitement clair; s'il ne l'était pas, c'est qu'on aurait fait quelque faute en le fabriquant.

Vin de groseilles à maquereau, ou de groseilles à grappes mûres.

On peut, pour faire le vin de groseilles à maquereau mûres, suivre le même procédé que nous venons d'indiquer. Mais le produit des fruits mûrs a toujours moins de goût, et on ne peut pas le rendre agréable, à moins, peut-être, de séparer avec soin les peaux et les pépins. Le vin que l'on peut obtenir des groseilles à maquereau mûres ou des groseilles à grappes, peut être à volonté doux ou sec. Les préceptes que nous venons de donner sur la manière de conduire la fermentation du vin, et de le soutirer, doivent également s'appliquer ici. Si l'on veut faire du vin doux, il ne faut pas que la quantité de fruit surpasse 18 kilogrammes ; si l'on veut du vin sec, on peut la porter jusqu'à 27 kilog. pour 10 kilog. de sucre ; si l'on veut avoir un vin plus fort, et d'une autre qualité, il faut porter la quantité de sucre jusqu'à 15 kilog.

Vins mousseux de groseilles à maquereau.

Ecrasez 18 kilog. de groseilles non mûres, et après y avoir versé cinq litres d'eau, exprimez-en le jus, ajoutez 5 autres litres d'eau au résidu et exprimez de nouveau le jus que vous ajouterez au précédent, ajoutez-y 5 kilog. de sucre, et 120 grammes de tartrate de potasse (crème de tartre) que vous aurez préalablement réduit en poudre ; laissez fermenter la liqueur dans un cuvier pendant deux jours seulement, et mettez-la dans un tonneau que vous aurez soin de tenir toujours plein, en y ajoutant, de temps en temps, de la liqueur, jusqu'à ce que la fermentation ait été poussée assez loin pour que le bruit que l'on entend à la bonde soit à peine sensible ; il faut alors enfoncer le bondon et le fausset, et laisser le tonneau tranquille dans une cave fraîche, jusqu'au mois de novembre. C'est alors qu'il faut tirer la liqueur au clair dans un tonneau ou dans des bouteilles.

Il y a une autre méthode que voici : écrasez les groseilles, abandonnez-les pendant douze heures, exprimez-en le jus, et après les avoir passées dans un tamis, pour en séparer les grains, mesurez-en le volume, et ajoutez, à chaque litre de liqueur, 250 grammes de sucre blanc, laissez-le fermenter, et quand il sera parfaitement clair, ce qui arrivera au bout de trois mois, tirez-le en bouteilles. Ou écrasez les groseilles, et ajoutez à chaque litre de groseilles, un litre d'eau, remuez le mélange, et après l'avoir abandonné pendant douze heures, passez-le dans un linge épais ou dans un tamis de crin, ajoutez à chaque litre de jus 250 gram. de sucre, mettez la liqueur dans un tonneau et laissez-la fermenter ; lorsque la fermentation aura presque cessé, soutirez la liqueur, rincez le tonneau, et, à chaque litre de liquide, ajoutez 60 grammes de sucre, remettez-le dans le tonneau, et bondonnez-le pendant six semaines environ ; après ce temps, il sera bon à mettre en bouteilles.

Les peaux des groseilles et tout le marc et le jus peuvent être mis en fermentation tous ensemble, avec le sucre, dans la cuve, dès le commencement ; par ce moyen, la fermentation sera plus rapide, et le vin deviendra plus fort et moins doux, mais il acquerra plus de goût.

Vin mousseux de groseilles à grappes.

Cueillez les groseilles lorsqu'elles ont presque atteint leur entier développement, mais avant qu'elles soient mûres, égrappez-les, écrasez-les, et suivez les mêmes procédés, pour obtenir le jus, que nous avons indiqués pour la fabrication du vin mousseux de groseilles à maquereau, ajoutez-y la même quantité de sucre et de tartrate de potasse. La fermentation et le traitement ultérieur du vin seront semblables à ceux que nous avons indiqués au chapitre du vin mousseux de groseilles à maquereau.

Ray dit que les Anglais font du vin des groseilles mûres, en les mettant dans un tonneau, et en jetant de l'eau bouillante pardessus ; en bouchant bien le tonneau, et le laissant dans un lieu tempéré pendant trois ou quatre semaines, jusqu'à ce que la liqueur soit bien imprégnée du suc spiritueux de ces fruits, qui restent alors insipides. Ensuite, on verse cette liqueur dans les bouteilles, et l'on y met du sucre ; on les bouche bien, et on laisse jusqu'à ce que la liqueur se soit mêlée intimement avec le sucre, par la fermentation, et soit changée en une liqueur alcoolique et semblable à du vin.

La Société philantropique de Philadelphie a publié, dans son recueil pour l'année 1771, la recette suivante, au sujet du vin de groseilles que l'on prépare à Bethléem, dans les États-Unis.

Cueillez les groseilles très mûres ; pilez-les dans un tonneau, et placez-les sous un pressoir ; tirez le jus à clair : ajoutez-y les deux tiers d'eau, et un kilogramme et demi (trois livres) de sucre de moscouade, dans une mesure de ce mélange. On peut, à son défaut, se servir de sucre brun bien clarifié ; remuez jusqu'à ce que le sucre soit fondu, et jetez le tout dans un tonneau. Ce mélange, avec le suc de groseilles, doit être exécuté promptement, de peur que ce suc n'ait commencé à fermenter. Le tonneau doit être bien net, et n'avoir contenu ni cidre, ni bière, il ne faut pas le remplir exactement. Couvrez légèrement l'ouverture, fermez-le au bout de trois semaines, et laissez l'évent ouvert jusqu'à ce que le vin ait cessé de fermenter, ce qui arrive vers la fin d'octobre. Ce vin conservé sur sa lie, pendant deux ans, n'en devient que meilleur.

Rosier s'est fait honneur aussi de communiquer à la France sa composition détaillée d'une liqueur qu'il appelle sans hésiter, un vrai vin de groseilles (journal de physique 22 mai 1776, tome 1er, page 186) : il propose l'usage de cette liqueur aux provinces où le vin est cher, et même au reste de la France, dans les années de disette.

Je transcris sa recette :

Prenez des groseilles, telle quantité qu'il vous plaira ; plus la masse sera forte, plus le vin qu'on en obtiendra sera parfait : cueillez les dans leur parfaite maturité. Commencez la récolte quand la rosée et le brouillard seront dissipés, et lorsque le soleil commencera à être ardent ; laissez ces fruits exposés au soleil au moins pendant quelques heures, ensuite, séparez-les de leurs grappes, dans un grand tonneau défoncé d'un côté, qui servira de cuve, avec des pilons écrasez-les autant qu'il sera possible. Si vous voyez que le suc soit visqueux ou trop épais, ajoutez quelques litres d'eau, mais modérément, et seulement pour lui donner de la fluidité, parce que sans fluidité point de fermentation tumultueuse, laquelle est absolument nécessaire pour diviser les principes des corps qu'on veut faire fermenter, et pour les aider, par la division qu'ils éprouvent, à créer l'esprit ardent, qui est l'âme de tous les vins. Si, au contraire, le suc est trop fluide, et s'il ne contient pas assez de musqueux doux, ajoutez-y quelques kilogrammes de sucre ; remuez et agitez pour bien incorporer le tout. Remplissez le tonneau à trois ou quatre doigts près de sa hauteur, et placez-le dans un endroit ni trop frais, ni trop chaud, mais tempéré, c'est la chaleur de la saison qui doit décider le local. Dans un lieu trop chaud, la fermentation tumultueuse serait trop rapide, et le vin serait bientôt gâté. Couvrez légèrement le tonneau avec une toile, et placez pardessus son couvercle. Au bout de quelques heures, on entendra un sifflement qui annonce la fermentation tumultueuse ; alors la masse des fruits commence à occuper un plus grand espace ; elle monte vers le comble. Levez le couvercle de temps en temps, et aussitôt que vous vous apercevrez que la masse vineuse commence à baisser, tirez votre vin doux dans de petits tonneaux, que vous ferez sur je champ encaver, à cause de la trop grande chaleur de la saison. Laissez ces tonneaux débouchés pendant quelques Jours, et à mesure qu'ils dégorgeront, ayez soin de les remplir avec le même vin que vous aurez réservé pour cet effet. Dès que la fermentation tumultueuse du tonneau commencera à diminuer bouchez-le peu à peu avec son bouchon, sans l'enfoncer exactement; mais avinez toujours. Enfin, quand elle sera cessé, bouchez avec exactitude, et ne laissez aucun évent.

Ce vin restera deux mois sur sa lie, on le soutirera au bout de ce temps, et il formera une boisson vineuse, légèrement acidule, qu'il faut bien distinguer d'une boisson aigre. Ce sera un véritable vin de groseilles, qui aura conservé tout son parfum.

Vin mousseux de raisin.

Comme les peaux et même les rafles des raisins ne donnent aucun mauvais goût au vin, on peut les employer dans l'état de maturité dans lequel on pourra les avoir le plus facilement, et il n'est pas nécessaire de choisir une qualité particulière de raisins. Dans les endroits où on cultive la vigne en grand, l'habitude que l'on a d'éclaircir les grappes sur les ceps qui sont surchargés, fait qu'on peut y avoir des raisins verts. On peut alors employer les fruits qu'on jette. Le docteur Macculloch recommande d'attendre que les raisins soient prêts à mûrir ou que la saison soit tellement avancée qu'il n'y ait plus à attendre de changemens ultérieurs. Le procédé pour faire le vin mousseux de raisin, est le suivant :

Écrasez les raisins avec un pilon de bois, ou un morceau de planche épaisse emmanchée au bout d'un bâton, en faisant attention d'écraser les pépins le moins possible.

La quantité de sucre à employer et le traitement sont précisément les mêmes que ceux indiqués pour la fabrication du vin de groseilles à maquereau; il faut seulement ajouter qu'on met fermenter la rafle avec le liquide dans le tonneau, puisque la peau du raisin ne donne aucune mauvaise qualité au vin, et puisque les queues, avant la maturité, ne sont pas devenues astringentes, tandis qu'elles augmentent en même temps la quantité d'extrait végétal ou de matière glutineuse qui est essentielle à la composition du vin.

Le moulin et la presse à fruit, dont la planche est jointe à cet ouvrage, conviennent très-bien pour écraser le raisin, aussi bien que toutes les autres espèces de fruits propres à faire des vins de ménage.

Vin mousseux de feuilles et de sommités de vigne.

On peut faire un excellent vin mousseux avec des feuilles et des sommités de vignes. Les feuilles sont meilleures lorsqu'elles sont jeunes, elles ne doivent pas avoir atteint tout leur accroissement, et on doit les arracher avec leurs queues. Pour faire 38 litres de vin, le docteur Macculloch conseille de mettre 25 litres d'eau bouillante sur 20 kilogrammes de feuilles dans un tonneau assez grand, et de les laisser macérer pendant vingt-quatre heures. Après avoir soutiré la liqueur, il faut soumettre les feuilles à une forte presse, et, après les avoir lavées avec 6 litres d'eau, il faut les presser de nouveau. La quantité de sucre à employer peut varier, comme dans les premières recettes, de 10 à 13 kilogrammes; et, après avoir accru la liqueur jusqu'à 40 litres, il faut suivre les procédés indiqués pour le vin de groseilles à maquereau.

Vin de cassis.

Prenez des cassis lorsqu'ils commencent à mûrir, égrainez-les et écrasez-les dans un cuvier de bois, abandonnez la masse pendant vingt-quatre heures, puis exprimez le jus au travers d'un sac grossier ou d'un tamis; mettez ensuite sur la masse une petite quantité d'eau et abandonnez-la dans le cuvier pendant douze heures; et, après en avoir exprimé la liqueur, ajoutez-la à la première; dans un litre de jus, ajoutez 250 à 300 grammes de sucre; la plus petite quantité de sucre que l'on puisse ajouter par litre est 200 grammes, et mettez le mélange dans un tonneau qui doit être entièrement rempli, laissez-le fermenter, et lorsque la fermentation commence à s'affaiblir, ce qu'on connaît à la diminution du sifflement, enfoncez le bondon et laissez le fosset ouvert. Quelques jours après, débouchez de nouveau le fosset, afin que l'acide carbonique qui aurait pu se former en quantité notable, puisse s'échapper, et on répétera la même opération de temps en temps jusqu'à ce qu'on n'ait plus à craindre les effets d'une trop grande expansion de gaz ; on peut alors boucher définitivement le fosset. On peut soutirer le vin six mois après, et le mettre en bouteilles lorsqu'il est parfaitement clair.

Vin de baies de sureau.

Ce fruit est très-convenable pour faire du vin ; son jus contient une quantité considérable de la matière fermentescible qui est si essentielle pour produire une fermentation active, et sa belle couleur donne au vin une teinte riche ; mais, comme ce fruit manque de matière sucrée, il faut y suppléer largement. On rend ce vin bien meilleur en y ajoutant une petite quantité de tartrate de potasse. Le docteur Macculloch dit que la quantité de ce sel peut varier depuis 1 jusqu'à 4 et même 6 pour 100. On comprendra facilement la raison d'une telle latitude, en considérant qu'une grande partie du tartrate se dépose dans la lie ; j'observerai aussi que 2 ou 4 pour 100 seront une dose suffisante selon la plus ou moins grande douceur du fruit, les plus doux en exigeant davantage *et vice versâ*. La dose du tartrate de potasse doit aussi varier, suivant la quantité de sucre qu'on ajoute, en l'augmentant à mesure que celui-ci augmente.

A chaque litre de baies écrasées, ajoutez un demi-litre d'eau, passez le jus dans un tamis de crin, et à chaque litre de jus étendu d'eau ajoutez 300 grammes de sucre ; faites bouillir le mélange pendant environ un quart d'heure et faites-le fermenter comme nous l'avons dit plus haut, voyez au *vin de groseilles à maquereau*.

Ou écrasez trente litres de baies de sureau, délayez la masse dans trente litres d'eau, et, après l'avoir fait bouillir pendant quelques minutes, passez le jus et pressez le marc ; mesurez toute la quantité de jus, et à chaque litre ajoutez 300 grammes de sucre ; et, pendant qu'il est encore chaud, mettez-y un quart de litre de levure et remplissez le tonneau avec de la liqueur que vous aurez réservée.

Lorsque le vin est clair, on peut le soutirer (ce qu'on fera au bout d'environ trois mois) et le mettre en bouteilles pour le boire. Pour donner du bouquet au vin, on peut employer du gingembre ou quelqu'autre substance aromatique qu'on mettra dans un sachet suspendu dans le tonneau, et qu'on ôtera lorsqu'il aura produit l'effet désiré.

Vin de raisin.

Écrasez les raisins sans écraser les pépins, exprimez le jus et passez-le dans un tamis, mettez sur le marc une petite quantité d'eau, laissez-le reposer vingt-quatre heures et exprimez-en tout le jus qui y adhère encore; après cela, à chaque litre, ajoutez 150 grammes de sucre, laissez fermenter la liqueur et observez les règles que nous avons indiquées pour faire le vin de groseilles à maquereau.

Vin de groseilles rouges et de cassis.

Un mélange de parties égales de groseilles rouges et de cassis donne un excellent vin d'un goût supérieur à celui du vin qu'on obtient de l'un ou de l'autre de ces fruits séparément.

Écrasez les groseilles et cassis, et, après en avoir exprimé le jus, étendez-le d'une pareille quantité d'eau, et, à chaque litre de cette liqueur, ajoutez 250 grammes de sucre; mettez-le dans un tonneau en en conservant une petite quantité pour le remplir, et placez-le dans un lieu chaud pour le faire fermenter, en ayant soin de remplir le tonneau avec le jus que vous aurez conservé. Lorsqu'il a cessé de fermenter, bouchez-le; et lorsqu'il sera clair, soutirez-le et mettez-le en bouteilles.

Vin de mûres.

Prenez des mûres presque mûries, écrasez-les dans un cuvier, ajoutez-y une égale quantité d'eau, laissez reposer ce mélange vingt-quatre heures, passez-le dans un tamis grossier, et, après avoir ajouté à chaque litre 200 grammes de sucre, faites-le fermenter, et, lorsqu'il sera clair, mettez-le en bouteilles.

Vin de framboises.

Pour une quantité de neuf litres et demi de framboises écrasées, ajoutez sept litres et demi d'eau, laissez reposer le mélange vingt-quatre heures, passez-le dans un tamis de crin grossier, et, à chaque litre, ajoutez-y 250 grammes de sucre et faites-le fermenter.

Vin de cerises.

On peut faire un excellent vin de cerises de la manière suivante : Prenez des cerises qui ne soient pas encore mûres, ôtez les queues, écrasez-les dans un mortier ou dans une bassine pour détacher la pulpe sans briser les noyaux, et abandonnez la masse pendant vingt-quatre heures, pressez la pulpe sur un tamis grossier, et, à chaque litre, ajoutez 250 grammes de sucre, mettez le mélange dans un tonneau, faites-le fermenter et soutirez le vin aussitôt qu'il deviendra clair. Quelques fabricans mettent les noyaux et les amandes écrasés dans un sac qu'ils suspendent dans le tonneau par la bonde, pendant la fermentation du vin qui acquiert par là un goût de noyaux.

Autre vin de cerises.

Prenez quarante kilogrammes de cerises bien mûres, les guignes et les cerises noires sont préférables aux autres espèces de cerises, écrasez-les, après en avoir ôté les noyaux, et mettez la pulpe séjourner dans un vase pendant vingt-quatre ou trente heures, passez-la au travers d'un linge et ajoutez huit ou dix kilogrammes de sucre, et quand vous aurez bien agité le mélange et que le sucre sera dissous, vous mettrez le tout dans un tonneau qui contienne cinq litres de moins que vous n'avez de liqueur, afin de pouvoir le remplir à mesure qu'elle fermentera ; quand la fermentation sera apaisée, on y jettera les noyaux concassés, on mettra le tonneau à la cave, on le bondonnera, et, quelques mois après, on pourra le mettre en bouteilles. On obtiendra environ vingt à vingt-cinq litres de vin, en employant les doses que nous venons d'indiquer.

La recette que nous donnons ci-dessus ressemble beaucoup à celle plus détaillée qu'a donné depuis long-temps Réaumur. Voici du reste cette recette telle qu'elle a été publiée par Charpentier de Cossigny.

Il faut prendre les cerises les plus mûres et en ôter le noyau ; on les écrasera, on les mettra dans un vase; on les y laissera vingt-quatre ou trente-six heures, afin que la peau communique sa couleur au jus, ensuite on passera le tout au travers d'un linge ; on mettra alors par litre (par pinte) trois hectogrammes (dix onces) de sucre, on agitera souvent la liqueur. Lorsque le sucre sera bien fondu, on mettra le jus dans un tonneau proportionné à la quantité ; il y fermentera. On remplira le tonneau plusieurs fois par jour ; on réservera, pour le remplissage, trois litres (trois pintes), sur dix-neuf litres (vingt pintes). Lorsque le jus cessera de bouillir, on cassera les noyaux, et on les mettra dans le tonneau ; ensuite on le bondonnera, et on le mettra à la cave : trois ou quatre mois après, on mettra le vin en bouteilles. Ce vin bouillira pendant quinze ou dix-huit jours environ. On pourra, si l'on veut, mêler avec les cerises, avant de les écraser, quelques kilogrammes (quelques livres) de framboises, deux kilogrammes (quatre livres) de cerises, donnant environ un litre (une pinte). Les cerises aigres ne sont pas propres à faire ce vin ; mais les guignes et les cerises noires, qui sont douces et non amères, conviennent très-bien : il faut rejeter toutes celles qui sont gâtées.

Vin de prunes.

On peut, par le même procédé, obtenir du vin de prunes. En Angleterre, c'est la prune de Damas qu'on préfère pour cet usage. A Hambourg, on fait une espèce de vin du Rhin avec des prunes, en substituant au sucre de la drêche de brasseur, c'est-à-dire de grains germés : le goût de cette matière sucrée se marie très-bien avec celui des prunes.

Lorsqu'on emploie des prunes douces, on peut se dispenser de les faire cuire ; mais la cuisson sera nécessaire toutes les fois qu'on mettra en usage des fruits acerbes.

Vin de coings.

Le vin de coings est surtout remarquable par son parfum.
Prenez une vingtaine de coings d'une moyenne grosseur, râpez la pulpe sans atteindre le cœur et mettez-la dans dix litres d'eau bouillante, laissez reposer vingt-quatre heures, passez le jus dans un tamis et le marc au pressoir, ajoutez deux kilogrammes et demie de sucre, une écorce de citron, quelque peu de levure de bière, faites fermenter pendant huit jours, ensuite mettez la liqueur en tonneau ; et, après

trois mois de séjour à la cave, vous pourrez la mettre en bouteilles.

Vin de fruits mêlés.

La méthode suivante de faire un excellent vin est tirée du journal de la société de Bath.

« Prenez des cerises, des cassis, des groseilles blanches, des framboises, de toutes une quantité égale : il vaut mieux cependant que les cassis dominent ; écrasez-les, mettez dans un litre d'eau 500 grammes des ces fruits mêlés, laissez-les tremper trois jours dans un vase fermé, en remuant souvent la masse ; alors passez-la au travers d'un tamis, pressez la pulpe qui reste le plus possible, réunissez-en le jus au premier, et, à chaque litre de liquide, ajoutez 250 grammes de sucre, laissez encore reposer le tout pendant trois jours, en le remuant souvent, comme la première fois, après avoir écumé la surface ; mettez-le alors dans un tonneau que vous tiendrez plein jusqu'à la bonde, pendant la fermentation, durant deux semaines, enfin, ajoutez 20 pour 100 de bonne eau-de-vie et alors bouchez la bonde ; s'il ne s'éclaircit pas bientôt, il faudra y mêler une dissolution de colle de poisson.

Vin de gingembre.

Dissolvez 8 à 9 kilogrammes de sucre dans 36 litres d'eau bouillante et ajoutez-y 250 à 400 grammes de racines de gingembre pilées, faites bouillir le mélange pendant environ un quart d'heure, et lorsqu'il sera presque froid, ajoutez-y un quart de litre de levure et mettez-le fermenter dans un tonneau, en ayant soin de le remplir de temps en temps avec le surplus de la liqueur faite dans cette intention ; lorsque la fermentation cessera, soutirez le vin, et, lorsqu'il sera clair, mettez-le en bouteilles.

On a coutume de faire bouillir les écorces de quelques citrons avec le gingembre, pour donner au vin le goût de citron.

Vin de primevères.

Dissolvez 10 kilogrammes de sucre dans 40 litres d'eau bouillante, remplissez de cette dissolution un tonneau de 36 litres, et ajoutez-y, pendant qu'il est encore chaud, un demi-litre de levure de bière. (On a l'habitude d'y ajouter aussi les écorces de douze citrons.) Laissez fermenter le mélange, et, lorsque la fermentation aura presque cessé (mais non avant), ajoutez huit ou dix poignées de pétales de primevères, remplissez le tonneau avec la liqueur en réserve et laissez continuer la fermentation comme à l'ordinaire; lorsque le vin sera clair, tirez-le en bouteilles. Si l'on avait ajouté les fleurs au commencement de la fermentation, leur parfum aurait été en grande partie dissipé; au lieu qu'en ajoutant les feuilles des fleurs à la fin de la fermentation, ou en les suspendant quelques jours dans le tonneau, leur parfum reste combiné avec le vin.

Vin d'abricots.

Prenez des abricots presque mûrs, ôtez en les noyaux et écrasez la pulpe dans un mortier, ajoutez-y un litre d'eau pour 2 kilogrammes, abandonnez le mélange pendant vingt-quatre heures, et alors exprimez-en le jus; ajoutez à chaque litre 250 grammes de sucre, mettez le tout fermenter dans un tonneau, et, lorsqu'il sera parfaitement clair, mettez-le en bouteilles.

On peut faire, de la même manière, le vin de pêches.

Vin d'oranges.

Prenez l'écorce extérieure de cent oranges, sans prendre la peau blanche, versez dessus 40 litres d'eau bouillante, abandonnez-la pendant huit ou dix heures; et après avoir passé la liqueur, pendant qu'elle est encore un peu chaude, ajoutez-y le jus de la pulpe, 10 à 12 kilogrammes de sucre et un quart de litre de levure, laissez-le fermenter dans le tonneau pendant environ cinq jours, jusqu'à ce que la fermentation ait visiblement cessé; et, lorsque le vin sera parfaitement clair, soutirez-le et mettez-le en bouteilles.

Voici une autre recette de ce vin telle qu'elle a été publiée dans le Bulletin de la Société des Amis du Pays de la ville de Valence, en Espagne :

Pr. Sucre très-blanc. . . . 20 kilog.
Eau. . . . . 15 litres.

On en forme un sirop qu'on peut se dispenser de clarifier si le sucre employé est de première qualité.

Zestes ou partie jaune de
l'écorce de . . . . . 40 oranges.
Eau . . . . 15 litres.
Jus d'oranges . . . . . 15 litres.

On fait tremper à part les zestes dans l'eau, et l'on n'y ajoute le jus d'oranges qu'au bout de quelques jours d'infusion à froid. Il ne faut se servir, pour enlever l'écorce des oranges, que d'un couteau de bois, d'ivoire ou d'argent ; l'emploi d'un couteau de fer ferait noircir le liquide, et il serait impossible de jamais clarifier.

Après quelques jours de macération, on ajoute au mélange de jus d'oranges et d'eau aromatisée, le sirop préparé d'avance, dans un vase, soit de verre, soit de bois, qu'on ne bouche qu'imparfaitement tant que dure la fermentation, qui ne tarde pas à s'établir. Elle dure environ six semaines, pendant lesquelles le vase doit être tenu dans un local dont la température ne descende pas au-dessous de 20 degrés centigrades. Au bout de ce temps on bouche exactement le vase et on laisse le liquide achever sa fermentation pendant trois mois ; après quoi on le clarifie à la colle de poisson et on le met en bouteille.

Ce vin est très-capiteux ; on le rend moins alcoolique en diminuant la proportion de sucre, selon le goût des consommateurs. Il paraît que la fabrication de ce vin a pris en Espagne une plus grande extension. On pourrait imiter cet exemple dans le midi de la France, où les oranges sont abondantes et à vil prix, pour préparer une boisson tonique et salubre qui du reste est très-agréable.

Vin de raisins secs.

Sur 12 kilogrammes de raisins dont vous aurez ôté les queues, mettez 25 litres d'eau bouillante et ajoutez 3 kilogrammes de sucre ; laissez-les macérer dix à quatorze jours, en les remuant chaque jour ; alors transvasez la liqueur, pressez les raisins et ajoutez-y 250 grammes de tartrate de potasse pulvérisé, mettez la liqueur dans un tonneau, conservez-en une quantité suffisante pour remplir le tonneau plus tard, et lorsque la fermentation aura cessé, soutirez le vin. On trouve dans le *Museum rusticum* la recette suivante, pour faire le vin de raisins secs : « Mettez 100 litres d'eau dans un vase au moins d'un tiers plus grand et ajoutez-y 50 kilogrammes de graines de raisins secs, mêlez bien le tout ensemble et couvrez le vase avec un drap; après qu'il aura séjourné quelque temps dans un endroit chaud, il commencera à fermenter, et il faudra le remuer deux fois par jour pendant douze ou quatorze jours. Lorsqu'il aura perdu presqu'entièrement sa douceur et que la fermentation sera bien apaisée, ce qu'on connaîtra par la précipitation et le repos des raisins, passez le liquide en l'exprimant des raisins, d'abord avec la main et ensuite avec une presse; mettez la liqueur dans un tonneau bien séché et chauffé, ajoutez-y 5 kilogrammes de sucre et un demi-litre de levure, en conservant une partie de la liqueur pour l'ajouter, de temps en temps, pour remplir le tonneau pendant la fermentation. »

On peut faire, de la manière suivante, du vin de raisins secs, ayant le goût du vin de Frontignan.

Prenez 3 kilogrammes de raisins secs, faites-les bouillir dans 25 litres d'eau, et lorsqu'elle sera bien douce, écrasez-les sur une passoire pour en séparer les pépins, ajoutez la pulpe à l'eau dans laquelle les raisins auront bouilli, ajoutez au mélange 5 kilogrammes de sucre et laissez-le fermenter en y ajoutant un quart de litre de levure; lorsque la fermentation aura presque cessé, ajoutez-y un demi kilogramme de fleurs de sureau renfermées dans un sac que vous suspendrez dans le tonneau, et que vous ôterez lorsque le vin aura acquis le parfum désiré; lorsque le vin sera clair, vous le tirerez en bouteilles.

Dans la feuille des *Affiches de Normandie*, du 30 octobre 1767, on demandait la composition d'une boisson propre à tenir lieu de cidre ou du vin.

La feuille du 6 novembre suivant indiquait le vin composé de baies de genièvre et d'absinthe, dont nous donnerons plus loin la recette.

En pareille circonstance, on se servit à Rouen, en 1715 et 1718, de la recette suivante : dans un tonneau de deux poinçons, le poinçon de deux cents pots, le pot pesant un kilogramme et demi (trois livres), on fit mettre trois kilogrammes (six livres) de raisin de Provence, cuit au soleil, épluché de ses queues, mais point écrasé; deux pots ou trois kilogrammes (six livres) de miel commun, bouilli et écumé dans un seau d'eau, et refroidi avant de l'entonner; un kilogramme (deux livres) de baies de genièvre, point écrasées; un demi kilogramme (une livre) de coriandre; deux kilogrammes et demi ou trois kilogrammes (cinq ou six livres) et plus de bois de bouleau, bien net, mis en copeaux, plutôt vert que sec; et on le remplit d'eau: tout cela composa, dit-on, une boisson très saine. On assurait qu'elle peut se garder un an et plus. Il faut, avant d'entamer la pièce, la laisser fermenter un mois, bien bouchée. Si l'on voulait la boisson très forte, il faudrait augmenter les doses.

Vin de fruiton.

Dans plusieurs départements de l'ouest et du nord de la France on fait sécher au four des prunelles, des cornouilles, des cormes, des pommes et des poires sauvages, on les ensache et on les expose dans les marchés sous le nom de *fruiton* pour en faire ce qu'on appelle de la boisson. Cette boisson légère et douce est employée avec avantage pendant les travaux de la moisson. La manière de la faire est bien simple : Voici celle qu'a indiquée Huzard père.

On prend un tonneau qu'on remplit aux deux tiers avec du fruiton, puis on y verse de l'eau jusqu'à la bonde et on l'abandonne dans un lieu d'une température modérée, on bouche légèrement et on laisse fermenter. Aussitôt que cette fermentation a commencé à s'établir on tire à même le tonneau, et on remplace par une égale quantité d'eau jusqu'à ce que les fruits ne fournissent plus rien et que la boisson devienne aigre et plate. Si l'on a l'attention de couper les fruits ou au moins de les fendre, avant de les mettre dans le tonneau, ils fournissent plus promptement une boisson agréable; mais comme dans ce cas ils abandonnent à l'eau leurs principes sucrés en plus grande abondance, ils durent moins longtemps, et la ménagère préfère ordinairement que la boisson soit un peu moins bonne mais d'un plus long usage, d'autant plus que comme on la distribue à discrétion aux moissonneurs, meilleure elle est plus on en boit.

CHAPITRE IV.

Des vins de fruits, additionnés d'eau-de-vie.

Les recettes que nous avons données dans le chapitre précédent ne se composent en général que de jus de fruit, de sucre et de substances aromatiques ou toniques qu'on y fait entrer à dessein; mais on fait aussi des vins avec les mêmes substances auxquelles on ajoute aussi des doses plus ou moins considérables d'alcool, ou bien quelques litres de vins généreux ou pétillants, ou d'eau-de-vie, afin de leur donner plus de force ou un déboire plus agréable, de leur procurer une plus longue durée, et enfin à l'aide de l'alcool, de dissoudre une plus grande proportion des huiles essentielles renfermées dans les substances aromatiques qu'on y mélange. Nous allons, comme exemple, citer quelques recettes de ces vins.

Nous ferons remarquer que ces boissons additionnées d'eau-de-vie sont un peu moins économiques que les précédentes; mais, aujourd'hui, les alcools sont d'un prix tellement modéré que cette augmentation est peu sensible.

Vin de pêches.

Prenez 50 kilogrammes de pêches; ne choisissez que celles qui sont d'une espèce très vineuse. Les pêches de vigne, quoique les plus communes, sont fort bonnes, pourvu qu'elles soient d'une maturité parfaite. N'en réservez aucune d'équivoque, telles que pourraient être celles qui seraient tachées de pourriture, ou trop vertes. Commencez par ôter le duvet avec un linge un peu rude et bien propre, ou plutôt une brosse; ôtez-en les noyaux; pétrissez bien votre fruit jusqu'à ce qu'il soit en marmelade, et mettez-le en fermentation dans de grands pots de grès, ou, si vous n'en avez pas, dans un baquet proprement échaudé; couvrez-le d'un linge, placez-le dans un lieu tempéré jusqu'à ce qu'il ait bien fermenté, ce qui n'arrivera guère qu'au bout de 15 jours ou trois semaines, plus ou moins, selon la température de la saison; lorsque vous n'apercevrez plus aucune marque sensible de fermentation, ce que vous reconnaîtrez à une odeur forte et vineuse, et encore mieux à la limpidité de la liqueur qui se trouvera au-dessous d'une croûte qui se sera formée au-dessus de la surface, vous passerez le tout par un linge d'un tissu un peu lâche ; puis vous ajouterez un litre d'esprit de vin bien rectifié, et 2 kilogrammes de sucre en poudre, plus ou moins de l'un et de l'autre, relativement à la force et à la saveur que vous remarquerez à votre vin de pêches : c'est ici précisément le cas où nous ne pouvons pas prescrire de dose exacte. Votre mélange étant fait, versez-le dans un petit baril ou dans de grandes cruches de grès, bouchez bien le tout, et portez-le à la cave, où vous le laisserez pendant un an, vous tirerez ensuite votre vin en bouteilles. Si vous avez atteint le juste point de perfection, vous aurez un vin admirable par sa saveur et par son parfum.

Vin de pêches, d'après la méthode de Cadet de Vaux.

Prenez des abricots-pêches parfaitement mûrs, ouvrez-les, séparez-en les noyaux, mettez-les dans une terrine, saupoudrez-les avec 60 grammes de sucre en poudre par kilogramme de fruits, afin de faciliter la séparation du suc ; faites-le cuire à une douce chaleur ; alors, par 2 kilogrammes de fruit, versez un litre de bon vin blanc et 2 décilitres d'eau-de-vie ; ajoutez le bois des noyaux concassés, et desquels on aura séparé les amandes ; laissez en digestion pendant un mois ; au bout de ce temps, filtrez avec expression, et passez le vin à la chausse. Si la liqueur conservait un peu d'opacité, on peut la clarifier en ajoutant un verre de bon lait qui se coagule par l'agitation. Le *coagulum* formé en se précipitant, éclaircit la liqueur que l'on filtre de nouveau.

Vins d'abricots.

Le vin d'abricots se prépare de la même manière que le vin de pêches, méthode de Cadet de Vaux.

Autre vin de pêches de confiseur.

Prenez trois cents pêches de vigne, quarante pêches d'espalier, 500 grammes de feuilles de pêcher, autant de macis, 15 grammes de vanille, six litres d'eau-de-vie à dix-huit degrés, un litre d'alcool et 5 kilogrammes de sucre.

Après avoir choisi les pêches bien mûres, et les avoir frottées dans un linge pour en enlever le duvet, on les ouvre pour en séparer les noyaux ; on place les fruits dans un petit baquet, on y ajoute 120 grammes de miel fondu dans un litre d'eau pour exciter la fermentation, et on couvre le vase d'un linge clair ; lorsque la fermentation a cessé, on passe la liqueur à travers un tamis, et on exprime le marc, que l'on rejette comme inutile ; on fait fondre dans ce liquide la quantité de sucre prescrite plus haut, et on introduit ce mélange dans un petit tonneau ; on y ajoute les feuilles de pêcher et les autres aromates coupés et concassés, l'eau-de-vie et l'esprit-de-vin ; plusieurs personnes y ajoutent quelques bouteilles de vin de Champagne. On bouche ce tonneau, et on laisse digérer pendant trois semaines; au bout de ce temps, on décante la liqueur, et après deux mois de repos dans le même vase où s'est faite l'opération, et que l'on avait eu soin de bien rincer, on colle le vin, et on le soutire pour le mettre en bouteilles.

Vin d'abricots.

En suivant le même procédé, on pourra faire un bon vin d'abricots, et comme ce fruit a beaucoup moins d'acidité et plus de sucre que la pêche, il faudra avoir égard à cette qualité lorsqu'on en viendra à l'addition de l'esprit-de-vin et du sucre.

Vin de Cerises.

Choisissez une assez grande quantité de cerises parfaitement mûres, ôtez-en toutes les queues, écrasez-les ainsi que les noyaux, exprimez-en le suc jusqu'à la concurrence de 50 kilogrammes, évaporez-le jusqu'à la réduction d'un quart, et mettez-les en fermentation dans un lieu tempéré; si la saison est chaude, l'affaire sera faite en moins de huit jours, peut-être, un peu moins.

Vous le reconnaîtrez à la limpidité du suc, qui doit être parfaitement clair lorsque la fermentation est parvenue à son point; ajoutez alors un litre et demi d'esprit-de-vin rectifié et 3 hectogrammes de sucre ; mettez le mélange dans un baril, placez-le à la cave et oubliez-le pendant un an ; tirez-le ensuite en bouteilles. Le vin de mérises se fait de même.

Vin de framboises.

La préparation du vin de framboises est un peu différente

des précédentes. Pour le bien faire, emplissez une très grande cruche de grès de belles framboises parfaitement mûres; versez par dessus le fruit de bonne eau-de-vie vieille, tant que la cruche pourra en contenir; exposez-la bien bouchée au soleil pendant deux mois; après quoi, versez par décantation dans une autre cruche ce qu'il y aura de bien clair; écrasez bien vos framboises en les pressant dans un linge d'un tissu peu serré, passez le suc qui en proviendra par la chausse, ajoutez-le à celui que vous aurez précédemment tiré par décantation, après quoi vous mettrez 180 grammes de sucre par litre, et si votre vin vous paraît un peu faible, vous le renforcerez par une addition de quelques verres de bon esprit de vin rectifié; l'ayant monté au ton convenable, vous le remettrez dans des cruches bien bouchées et vous l'oublierez pendant deux mois; s'il est clair, vous le mettrez en bouteilles.

Vin de prunes.

Prenez des prunes de damas bien mûres, la quantité que vous voudrez; mettez-les dans une bassine, sur un feu suffisant pour les faire crever et en faire exuder le suc; versez dans des terrines et laissez refroidir; mettez de nouveau sur le feu, et agissez de la même manière; vous réitérerez cette manipulation trois fois, afin d'obtenir un suc plus sucré et plus concentré. Passez alors le suc, mettez le marc à la presse, réunissez les liqueurs et sur chaque litre de ce suc, ajoutez 120 grammes de sucre. Portez ce mélange dans un lieu dont la température soit de quinze à dix-huit degrés Réaumur; faites fermenter le temps suffisant, après quoi, laissez reposer, tirez à clair et mettez en bouteilles.

On peut préparer de la même manière les vins des divers fruits à noyaux.

Vin de groseilles.

Prenez deux parties de groseilles égrainées et bien mûres, et une partie de framboises; que la quantité soit suffisante pour en exprimer 50 kilogrammes de suc; faites les fermenter selon les règles prescrites ci-dessus; quand la fermentation sera achevée, ce que vous reconnaîtrez aux signes que nous avons indiqués précédemment, vous ajouterez un litre et demi d'esprit de vin rectifié, et 5 kilogrammes de sucre, plus ou moins, selon que vous verrez que la quantité de votre vin l'exigera; versez ensuite le tout dans un baril, placez-le à la cave, et oubliez-le pendant un an, vous le tirerez après en bouteilles.

Vins d'oranges et de citrons.

Quiconque aura bien saisi la théorie des procédés que nous venons de donner, sera en état de faire des vins de toutes espèces avec différentes sortes de fruits, même avec des oranges et des citrons, quoique ces derniers fruits soient les moins convenables, par un excès d'acide et de parfum; il faudra donc suppléer à ce défaut par une addition plus considérable d'esprit-de-vin et de sucre, et ne mettre d'écorce que ce qu'il faudra pour donner au vin un parfum suffisant et agréable.

Autre préparation de vin d'oranges et de citrons.

Ce vin est le produit de la fermentation de sucre, à l'aide du ferment, que l'on aromatise ensuite avec des huiles volatiles de citrons et d'oranges.

Prenez sucre blanc, 3 kilogrammes; eau de rivière, 6 litres. Faites fondre à une chaleur suffisante le sucre dans l'eau; à la liqueur refroidie, ajoutez levure de bière molle, 80 grammes, et le suc exprimé de vingt-cinq oranges et de cinq citrons; exposez le mélange dans un lieu dont la température soit de quinze à dix-huit degrés Réaumur; laissez-le fermenter pendant deux ou trois jours. Vous avez eu soin, à l'avance, de former un *oleo saccharum* en frottant jusqu'au blanc vos oranges et vos citrons avec un demi-kilogramme de sucre, avant d'en exprimer le suc que vous aviez d'abord mis à fermenter. Ajoutez-y cet *oleo saccharum*, ainsi qu'un litre de bon vin blanc, laissez fermenter encore deux jours, soutirez dans un petit tonneau que vous boucherez bien et que vous abandonnerez à lui-même pendant six mois; au bout de ce temps, vous mettrez en bouteilles.

Autre recette de vin d'oranges.

Charpentier de Cossigny a donné dans le premier volume de son ouvrage, intitulé *Moyens d'amélioration pour les colonies*, une recette plus économique pour la préparation du vin d'oranges en Europe.

On exprime le jus de trois douzaines d'oranges, et on le filtre à travers un tamis de crin un peu serré; on le met dans une grande potiche de porcelaine et on coupe les écorces en petits filets; on les met dans une jatte et verse par-dessus un litre d'eau bouillante.

Lorsque l'infusion est refroidie, on la mêle avec le vin d'oranges; on fait une seconde infusion, qu'on mêle pareillement avec le vin d'oranges; on y ajoute alors deux litres et demi de bonne eau-de-vie à 22 degrés et un litre (une pinte) d'eau de noyaux, avec trois hectogrammes (neuf onces) de sucre par litre; on a huit à neuf litres. Au bout de quelques jours, le vin se trouve bon à boire. Ce vin est d'autant meilleur qu'il est gardé pendant quelque temps, si on y emploie beaucoup plus d'oranges, et si on ajoute des fleurs d'oranger desséchées et un peu plus de sucre. C'est un vin non fermenté, ou plutôt un ratafia, qui n'a pas besoin de clarification, et que l'on peut boire dès qu'il est fait.

Le vin de bigarade (oranges sures), ou même de citrons (*citius medica*), préparé suivant le même procédé, en augmentant la dose du sucre et en y ajoutant des fleurs d'orangers desséchées, qu'on laisse infuser pendant quelques jours, est aussi agréable que le vin d'oranges douces; le vin d'oranges douces serait lui-même meilleur, si au lieu de mêler la décoction des écorces avec le fruit, on les faisait bouillir dans le jus même, après en avoir enlevé tout le blanc, ou si on mettait les zestes avec le jus, pour les faire fermenter ensemble. Par ce moyen, il n'y aurait pas de mélange d'eau avec le vin d'oranges qui serait alors plus stomachique et restaurant.

Vin de raisins secs.

La pénurie du cidre ayant été extrême dans l'année 1767, on trouve dans les affiches de Normandie du 11 décembre de cette année, une recette en latin *in summam domestici potus penuriam*, dont voici la traduction :

Prenez quinze kilogrammes (trente livres) de raisins séchés au soleil, ôtez la rafle; jetez les grains dans un tonneau de vin vidé récemment, et contenant deux hectolitres (un muid); remplissez-le d'eau, joignez-y un kilogramme et demi (un pot ou trois livres) d'eau-de-vie, laissez reposer vingt-quatre heures, dans le tonneau débouché. Au bout de six semaines vous pouvez en faire votre boisson journalière.

L'abbé Yvart a communiqué, il y a déjà bien longtemps sur le même sujet, à la Société royale d'Agriculture de Rouen, le résultat de ses essais, pour composer une boisson saine et agréable.

Pour un tonneau contenant trois hectolitres (un muid et demi), prenez vingt-deux kilogrammes (quarante-quatre livres) de raisins secs, un kilogramme (deux livres) de coriandre, autant de baies de genièvre, l'un et l'autre concassées ; et deux litres (deux bouteilles) d'eau-de-vie ; jettez le tout dans le tonneau, et l'emplissez d'eau : laissez-le sans le remuer, débondonnez, et dans un lieu tempéré la fermentation s'établira naturellement. On peut l'accélérer en y jettant gros comme une noix de levain de pâte. On a soin de remplir à mesure que la fermentation occasionne du vide ; dès qu'elle est passée, on bondonne le tonneau, et on fait usage de la boisson.

Vin du pauvre ou de fruits mélangés.

L'été est la saison la plus pénible de l'année, et la plus laborieuse pour les habitans de la campagne ; c'est celle où ils ont le plus besoin de forces, et de réparer celles qu'ils peuvent perdre journellement par l'excès de la fatigue : la soif est leur supplice. La nécessité d'apaiser cette soif par de l'eau simple quelquefois croupie, ou trop froide, est la source de leurs maladies. On a vu des moissonneurs tomber presque morts, parce qu'ils avaient eu l'imprudence de boire de l'eau trop fraîche, ou de l'eau de mare.

Le vin même, lorsqu'il n'est pas trop cher, l'est encore trop pour eux. Leur indiquer une boisson avec laquelle ils puissent y suppléer, dont le goût, la couleur et la force leur fassent illusion, qui leur tienne le corps frais, libre et dispos, et leur fasse, pour ainsi dire, savourer leur pain avec plaisir, c'est leur rendre un service essentiel.

Le procédé est simple et facile : il faut prendre quinze kilogrammes (trente livres) de groseilles rouges et blanches (cette dernière est plus douce et plus juteuse, suivant madame *Gacon-Dufour*), autant de kilogrammes de cassis, autant de petites cerises, queues et noyaux; mettre le tout dans un tonneau, et le broyer avec un grand bâton; puis faire bouillir deux litres de genièvre dans cinq à six litres d'eau; y ajouter un quart de kilogramme (une demi livre), ou un demi kilogramme (une livre) au plus de miel, afin de bien faire fermenter le genièvre; puis le mêler, après qu'il aura fermenté, avec le jus de fruits. Quand il aura été remué trois ou quatre fois en vingt-quatre heures, on fermera le tonneau et on le remplira d'eau. Cette seule quantité de fruits doit donner cent cinquante litres d'excellente boisson.

On peut encore, pour lui donner plus de force, y mêler un litre ou deux (une pinte ou deux) d'eau-de-vie; alors il n'y a presque point de différence avec le vin.

CHAPITRE V.

Des Vins de fruits de liqueur, cuits ou non cuits.

Les formules que nous allons faire connaître dans ce chapitre sont plutôt celles de ratafiats et de vins cuits que celles de boissons économiques; mais comme ces liqueurs peuvent être étendues d'eau et qu'il entrait dans le plan de cet ouvrage de faire connaître ces formules, on ne sera peut-être pas fâché de les trouver ici réunies, ne fut-ce que pour compléter les indications que nous nous sommes proposé de fournir sur la fabrication des vins de fruits.

Vin d'oranges.

Quand on a fait choix d'oranges de Portugal, les fines et les plus mûres, on les coupe transversalement, en deux parties; on pose un tamis de crin sur une terrine de grès; on prend ces parties d'oranges l'une après l'autre; on les tient d'abord entre le pouce et l'index d'une main, et de l'autre on exprime; puis on les place entre les deux paumes des mains, et on exprime en sens contraire, jusqu'à ce qu'il ne sorte plus de suc; on rassemble les pépins dans le coin du tamis; car si on exprimait sur ces pépins, l'acide du suc d'oranges en détacherait des parties qui communiqueraient à la liqueur une amertume désagréable; et quand il y a une certaine quantité de ces pépins, ainsi que des filaments qui se sont détachés en exprimant ces parties d'oranges, on la rejette comme inutile.

Lorsque cette opération est finie, on verse la liqueur dans de grosses bouteilles de verre qu'on tient bien bouchées, et on laisse reposer jusqu'à ce que le dépôt se soit précipité au fond du vaisseau ; on soutire avec un syphon ; on passe le marc au travers de la chausse de drap ; on mesure la liqueur, à laquelle on ajoute une neuvième partie de bonne eau de fleurs d'oranger, et on y fait fondre 370 grammes (douze onces) de sucre par litre ; et quand le sucre est bien fondu, on verse le liquide dans les mêmes vaisseaux, qu'on tient ensuite bien bouchés et qu'on a soin d'agiter pendant quinze jours, au moins une fois par jour ; puis on mesure encore, et on ajoute un litre d'esprit-de-vin pour chaque 10 litres de liquide ; on agite fortement le mélange, et on le met en réserve dans un tonneau, quand on a une suffisante quantité de liqueur, mais au moins dans un vaisseau qui soit assez grand pour contenir la totalité, et on laisse reposer.

Le vin d'orange est peut-être la liqueur la plus agréable et la plus salubre de tous les vins de liqueurs connus ; mais il a le même inconvénient que les vins d'Espagne de la meilleure qualité, qui ne sont vraiment potables, que quand ils ont plusieurs années de vétusté.

Vin de raisin-muscat.

On choisit le raisin muscat le plus mûr ; on le monde de sa grappe, et on rejette tous les grains verts ou pourris, puis on l'écrase, on y jette 62 grammes (deux onces) de fleurs de sureau pour 25 kilog. (cinquante livres) de raisin ; on verse le tout dans une grande poêle qu'on place sur un fourneau, et quand on a fait jeter un bouillon couvert à ce liquide, on le verse dans un vaisseau de bois ; puis vingt-quatre heures après cette opération, on place des clayons sur des terrines de grès, on y jette le marc qu'on enlève d'abord avec une écumoire, puis on laisse reposer la liqueur pendant quatre ou cinq heures, on la décante ou soutire par inclinaison, on verse le dépôt sur le marc, et quand il est bien égoutté, on le jette dans un gros linge, on exprime sous la presse, on mesure le liquide, puis on y fait fondre 320 grammes (10 onces) de sucre en pains pour chaque litre de liqueur, on ajoute ensuite 3 décilitres d'esprit-de-vin pour chaque litre, on met la liqueur en réserve pour n'en faire usage qu'un an après sa composition.

Vin de raisin noir, appelé franc-pineau.

On choisit le raisin le plus mûr possible, on l'égraine et on rejette tous les grains gâtés ou verts, on écrase dans un mortier de marbre, en roulant avec un pilon de buis, puis on fait jeter un bouillon couvert à cette matière liquide, on laisse refroidir pendant vingt-quatre heures, on place des clayons sur des terrines de grès, on y range le marc qu'on enlève d'abord avec une écumoire, puis on laisse reposer la liqueur pendant quatre ou cinq heures, on soutire par inclinaison, on verse sur ce marc le dépôt qui s'est précipité au fond des terrines; et quand il est bien égoutté, on le jette dans un gros linge et on exprime sous la presse, on mesure le liquide, on fait fondre 320 grammes (10 onces) de sucre dans chaque litre auquel on ajoute 3 décilitres d'esprit-de-vin, on agite le mélange qu'on met en réserve, pour n'en faire usage que l'année suivante.

Vin de pêches.

On fait choix de pêches *Magdeleine* qui soient bien mûres, dont la peau soit d'une belle couleur rouge jaunâtre et vive, on rejette toutes celles qui ont une partie de la peau verdâtre, morne et obscure. On les sépare en deux parties; on jette les noyaux sortant de la pêche, dans un vaisseau qu'on a rempli à moitié d'eau-de-vie rectifiée, et on place chacune de ces moitiés de fruits les unes à côté des autres dans une terrine de grès; on les écrase en appuyant seulement le pouce sur la peau de chacune de ces moitiés; et quand on en a fait trois lits, on arrose avec de l'eau acidulée d'une cuillerée d'esprit de citron, qu'on jette dans un litre de ce liquide pour vingt-cinq pêches: on continue d'arranger et d'arroser de trois en trois lits; et lorsque la terrine est remplie, on laisse infuser pendant quinze ou vingt heures, puis on écrase bien exactement toutes ces parties de fruits; on fait encore infuser vingt-quatre ou trente heures, et on enveloppe ensuite cette matière liquide dans un gros linge, qu'on exprime d'abord doucement sous la presse, jusqu'à ce qu'il n'en découle plus rien; quand le tout a été bien exprimé, on jette le marc, on mesure la liqueur, et on y fait fondre 320 grammes (10 onces) de sucre par litre; et lorsque le sucre est bien fondu, on verse le tout dans un vaisseau qu'on ne remplit qu'aux deux tiers de sa capacité, et qu'on tient bien bouché; et quand il commence à se former dans la liqueur un léger mouvement fermentatif, ce qui arrive ordinairement les huit, neuf ou dixième jour, on soutire par inclinaison, et on mesure la teinture qu'on a tirée des noyaux de pêches par le moyen de l'eau-de-vie rectifiée, on verse une partie de cette teinture dans le vaisseau qui contient le suc des pêches, on agite fortement, on mesure le surplus de la quantité d'eau-de-vie qui doit encore entrer dans la liqueur, à raison d'une chopine par pinte; si la première quantité n'a pas été suffisante, on verse cette eau-de-vie sur les mêmes noyaux, on laisse infuser pendant un mois, ou bien on jette le tout dans une cucurbite, on la place dans son bain, on la couvre de son chapiteau aveugle, on lute la jointure, puis on échauffe et on entretient le liquide pendant 48 heures au 70e degré : lorsqu'il est refroidi, on démonte la calotte, on soutire par inclinaison, on verse cette seconde teinture dans un vaisseau, et on jette une quantité suffisante d'eau de rivière sur les noyaux de pêches qui sont restés dans la cucurbite, on la couvre d'un chapiteau armé de son réfrigérant, on ajuste le serpentin avec le récipient, puis on fait distiller, et on laisse couler la liqueur jusqu'au degré de l'eau bouillante; on démonte l'appareil, on jette le résidu comme inutile, et on verse le produit, ainsi que la teinture qui était en réserve, dans le vaisseau qui contient la liqueur, on agite fortement et on laisse reposer.

Vin de cerises.

Lorsqu'on a fait choix de cerises qui sont dans leur plus grande maturité, on les monde de leurs queues qu'on jette, et des noyaux qu'on met en réserve, pour en faire l'usage que nous dirons ci-après. On fait également choix des mérises bien noires, on les monde seulement de leurs queues. Ces fruits étant ainsi préparés, on pèse cinq parties de cerises et une partie de mérises, on les jette dans un mortier de marbre, on les écrase en roulant le pilon de buis, et on les jette dans une poêle à confiture. Lorsque le vaisseau est rempli, on le place sur le fourneau, puis on échauffe; et quand le liquide a fait un bouillon couvert, on le verse dans un vaisseau de bois qu'on a exposé à un air libre. Après cette opération, on laisse refroidir ce liquide pendant vingt-quatre heures; on place ensuite des clayons sur des terrines de grès, on y jette d'abord le marc qu'on enlève avec une écumoire, on laisse reposer quatre ou cinq heures la première liqueur qui a coulé, puis on soutire par inclinaison; on verse le dépôt sur le marc, et quand il est bien égoutté, on le verse dans de gros linges qu'on met l'un après l'autre sous la presse, et on exprime fortement, puis on mesure la liqueur; on y fait fondre 320 grammes (dix onces) de sucre en pains, par litre de liquide; quand il est bien fondu, on ajoute 3 décilitres d'esprit-de-vin pour chaque litre; on agite le mélange qu'on met en réserve dans un vaisseau, pour n'en faire usage que six mois après.

Par ce moyen, on a un vin de cerises qui doit être d'autant plus salubre que les principes constitutifs de ces fruits sont conservés dans toute leur intégrité.

A l'égard des noyaux qui ont été réservés, on les jette dans une terrine avec une petite quantité d'eau, on les frotte les uns contre les autres avec la paume des mains jusqu'à ce qu'on en ait détaché toutes les pellicules qui sont fort adhérentes au bois de ces noyaux.

La plupart des particuliers et des praticiens écrasent ces noyaux fraîchement mondés, et non-seulement ils les font entrer dans le vin ou ratafia de cerises, mais ils ajoutent encore l'œillet, la cannelle, la framboise, le macis et le gérofle.

Vin de cassis.

Pour composer le vin de cassis, on prend le fruit lorsqu'il est dans sa plus grande maturité, on l'égraine, on l'écrase en roulant le pilon dans le mortier; on ajoute ensuite une pinte d'eau sur huit livres de fruits; on roule encore le pilon doucement, mais assez longtemps pour que ces deux liquides soient bien mélangés ; on jette la liqueur dans une poêle, et quand ce vaisseau est rempli, on le place sur un fourneau, on échauffe, et on fait jeter un bouillon *couvert* à ce liquide ; on le verse ensuite dans un vaisseau de bois, qu'on expose à un air libre, et pour le surplus, on suit les mêmes procédés que pour le vin de cerises.

Vin de framboises.

Ce vin est composé d'une partie de groseilles et d'une partie de mûres, sur cinq de framboises ; mais comme les mûres sont plus tardives, on compose ce vin en deux temps différens, et comme il suit.

Lorsqu'on a fait choix de trente livres de framboises d'une belle couleur rouge, et de six livres de groseilles fraîchement cueillies, on les monde de leurs queues et de leurs grappes qui sont inutiles, puis on jette dans un mortier une partie de la groseille, qu'on écrase d'abord, et à laquelle on ajoute une partie de framboises, on écrase encore en roulant doucement le pilon, mais assez longtemps pour que ces deux fruits soient mêlés intimement, et on continue jusqu'à ce que tout le fruit soit employé ; on jette le liquide dans un vaisseau de grès, et on laisse reposer pendant vingt-quatre heures, puis on le verse dans de gros linges, qu'on met d'abord très doucement, et l'un après l'autre, sous la presse ; après quoi l'on mesure la liqueur, et on y fait fondre 250 grammes (huit onces) de sucre en pain par litre ; on mesure ensuite autant de fois 3 décilitres d'esprit-de-vin, qu'on verse dans le vaisseau qui contient le suc de ces fruits ; on agite fortement le mélange, et on le met en réserve jusqu'à ce que les mûres soient en état d'être cueillies.

Alors on pèse 2 kilogrammes et demi (5 livres) de ces fruits, qu'on écrase ; on ajoute 1 litre d'eau, on fait jeter un *bouillon couvert*, on laisse refroidir pendant trente-six heures, on verse dans de gros linges, on exprime sous la presse ; on mesure la liqueur, on y fait fondre 250 gram., (18 onces) de sucre par litre, et on ajoute autant de fois 3 décilitres d'esprit-de-vin qu'il y a de litres de liqueur, on verse le mélange dans celle qui a été mise en réserve ; on agite fortement le vaisseau trois ou quatre fois dans le premier mois, et on laisse mûrir la liqueur pendant une année.

Le vin de framboises se conserve aussi longtemps que les autres vins de liqueurs : il acquiert même de la qualité en vieillissant ; mais le parfum du fruit se trouve tellement absorbé dans l'espace de sept ou huit ans, que le goût de la framboise se fait à peine sentir, quoi qu'on ait eu soin de tenir le vaisseau bouché bien hermétiquement.

CHAPITRE VI.

Des boissons de fruits rafraîchissantes et non fermentées ou eaux de fruits.

On prépare aussi avec les fruits à l'état frais des boissons non fermentées rafraîchissantes et fort agréables, mais qui ont le défaut de ne pas se conserver et doivent être consommées promptement, et même être tenues au frais si on veut en jouir quelques jours pendant les chaleurs de l'été. Quelques formules suffisent pour faire connaître ces sortes de boissons.

Limonade.

Cette boisson rafraîchissante se prépare, comme on sait, avec les citrons ou limons, les cédrats.

Quoique toutes les espèces de citrons soient propres à faire de la limonade, à cause de l'acidité agréable du suc qu'ils renferment, on doit néanmoins accorder la préférence à ceux qui viennent de Malte, d'Italie, de Sicile, de Portugal, parce que dans ces pays ces fruits sont supérieurs à ceux qu'on tire de Monaco et de Provence. On doit d'autant plus apporter d'attention, qu'il y a de ces citrons qu'on appelle sauvageons qui ont un jus âpre et amer : on évitera aussi de se servir des bigaradiers dont la pulpe est aussi pleine d'un jus acide mais amer, car un seul de ces fruits suffit pour donner une saveur désagréable à 50 litres de limonade. Le seul indice que nous pouvons recommander pour découvrir ces fruits amers, est celui, un peu incertain, signalé par

M. Poiteau, et qui consiste à examiner les vésicules d'huile essentielle de l'écorce, qui sont d'autant plus planes ou concaves que le suc du fruit est plus amer.

Un bon citron d'Italie ou de Portugal la peau fine et douce, une odeur suave, une saveur des plus agréables, sucrée et acide, et on les distingue en ce qu'ils renferment beaucoup moins de pépins que les autres.

Les citrons renferment à leur intérieur une pulpe acide d'une saveur agréable, dont les propriétés sont dues à l'acide citrique et qui est essentiellement rafraîchissante. D'un autre côté l'écorce contient une huile essentielle jaune, très odorante, vive et très stimulante, de manière qu'on peut à volonté rendre les boissons qu'on prépare avec les citrons plus ou moins rafraîchissantes suivant la quantité d'écorce ou zeste qu'on y fait entrer, ainsi que d'après le temps qu'on emploie dans l'infusion.

Pour obtenir une liqueur qui ne soit que rafraîchissante on fait choix de bons citrons et on fait fondre 150 grammes de sucre blanc dans un litre d'eau bien claire. On essuie légèrement deux ou trois de ces fruits et on les coupe transversalement en deux parties, puis on place chacune de ces moitiés de citrons entre le pouce et l'index; on exprime avec l'autre main, de manière à rompre les vésicules qui renferment le suc de ce fruit, qu'on laisse tomber dans l'eau sucrée. Le tout étant ainsi exprimé, on enlève les deux moitiés d'écorce qu'on place l'une après l'autre dans le creux de chaque main, puis on exprime en sens contraire et assez fortement pour rompre les petites cellules qui renferment les globules d'huile essentielle dans l'écorce jaune du fruit. On filtre le liquide au travers d'une chausse en drap et on le met en réserve dans un lieu frais pour en faire usage au besoin.

On peut se servir, pour plus de propreté dans l'expression du fruit, d'une petite presse composée de deux planchettes réunies d'un bout par une charnière et portant chacune une poignée. On pose le citron sur une de ces planchettes, on rabat l'autre dessus, et serrant en même temps à la main les poignées qui font l'office des leviers, on exprime tout le suc contenu dans le citron plus complètement et avec moins d'effort.

Si on préparait de la limonade pour certains estomacs très délicats, on pourrait enlever l'écorce et ne soumettre à la pression que la pulpe du fruit.

Au contraire quand on veut communiquer des propriétés un peu plus stimulantes à la limonade, on enlève par petites lames très minces la moitié des écorces jaunes des fruits, et on les fait infuser dans l'eau sucrée pendant 20 ou 30 minutes; puis on coupe et on exprime le fruit comme il a été dit : quand les citrons sont en partie desséchés, ainsi que cela arrive souvent à l'arrière-saison, on enlève les écorces en totalité et on les fera infuser comme il a été dit.

Quand les médecins veulent communiquer des propriétés incisives et stimulantes à la limonade, ils ordonnent de jeter les zestes coupés dans l'eau sucrée et d'en tirer une teinture; à cet effet on approche le vaisseau du feu, on chauffe et on entretient le liquide à quelques degrés au-dessous de la chaleur de l'eau bouillante, jusqu'à ce que la teinture ait acquis une belle couleur jaune citrine; puis on verse le liquide dans un vaisseau de grès ou de fayence, et quand il est totalement refroidi on y exprime le suc des citrons, on passe le tout à travers un linge, on met la liqueur en réserve dans un lieu frais pour en faire usage dans le jour.

Il est des estomacs que l'acide citrique contenu dans le citron attaque un peu fortement, et qui ne peuvent supporter ainsi cette boisson : dans ce cas on coupe les citrons en tranches, on jette dans l'eau et on porte à l'ébullition. Cette boisson d'abord peut se prendre chaude au besoin, ensuite elle est d'une saveur plus douce et moins irritante pour les estomacs délicats, surtout après avoir été édulcorée avec le sucre.

On prépare aussi une limonade avec l'acide citrique cristallisé qu'on fabrique aujourd'hui en abondance dans les pays où végètent les citronniers, mais cette limonade n'a pas la douceur, l'agrément ni le parfum de celle qu'on prépare avec les citrons en nature; seulement on peut l'aromatiser avec quelques substances propres à cet usage.

Limonade à chaud.

Elle se prépare de la même manière, excepté qu'on fait bouillir l'eau; après l'avoir retirée du feu et laissée refroidir, on y ajoute tous les ingrédients comme dans la précédente. Quelques-uns se contentent de la verser dessus au moment de l'ébullition, ce qui ne fait pas une bien grande différence ; d'autres enfin expriment d'abord le suc des citrons et des oranges dans une théière, et jettent l'eau bouillante par dessus; mais tout cela est indifférent.

Limonade vineuse.

Encore appelée *limonade au vin.* Sur 500 grammes (1 livre) de sucre frotté sur l'écorce de deux citrons et mise au fond d'un vase de faïence ou de porcelaine, on verse suffisante quantité d'eau un peu chaude pour le faire fondre ; on ajoute deux litres de bon vin rouge ou blanc ; on passe ensuite à la chausse pour tirer le tout à clair, le laisser refroidir et le conserver pour l'usage.

Limonade tartrique.

Acide tartrique en poudre. 4 gram. (1 gros).
Sucre. . . . . . 125 — (4 onces).
Teinture de citron. . . 4 — (1 gros).
Eau. . . . . . . 1 litre.

Boisson agréable et rafraîchissante.

Limonade citrique.

Acide citrique en poudre. . 4 gram. (1 gros).
Sucre en poudre. . . . 125 — (4 onces).
Eau pure. . . . . . 1 litre.
Aromatisez avec esprit de citron. 4 gram. (1 gros).

On peut garder cette poudre et s'en servir à l'occasion. On prépare également une limonade avec le sel d'oseille dans les mêmes proportions, ou bien en remplaçant ce sel par 1 gram. 60 centigr. (30 grains) d'acide oxalique.

Limonade en tablettes.

On prend 500 grammes (1 livre) de sucre royal en poudre très fine ; on fait dissoudre 12 grammes (3 gros) d'acide tartrique, ou mieux d'acide citrique, et 4 grammes (1 gros) de gomme arabique; on aromatise cette solution avec l'essence de citron ; il ne faut qu'une demi-verrée d'eau pour faire la dissolution. On forme sa pâte comme pour les pastilles, on la coule dans des moules de fer-blanc, légèrement graissés avec de l'huile d'olive fraîche. Chaque moule doit tenir 30 grammes (1 once). On les met à l'étuve ; quand la tablette est sèche, on la retire du moule et on la conserve dans un endroit sec. Ces tablettes, fort commodes pour les voyageurs, font deux verres de limonade.

De la Limonade en poudre.

On prend 30 grammes (1 once) d'acide tartrique que l'on pulvérise finement, on la mêle à 1 kilogramme (2 livres) de sucre passé au tamis de crin fin, on y ajoute aussi 8 grammes (2 gros) de gomme arabique, également en poudre très-fine et aromatisée avec de l'essence de citron. Cette poudre se vend en boîtes de 30 et 61 grammes (1 et 2 onces). Pour en faire usage, on la délaie dans un peu d'eau, et quand elle est fondue, on en ajoute ce qu'il convient. Cette poudre est très-commode pour les habitants des campagnes qui ne peuvent avoir des citrons. La gomme arabique modère l'acreté de l'acide tartrique.

On peut faire de la limonade, quand on n'a pas de citrons, avec 30 grammes (1 once) de sirop de limon pour 215 grammes (7 onces) d'eau. Cette boisson n'est cependant pas aussi agréable.

Limonade gazeuse de Laplaigne de Laville.

Suc de citron	61 gram.	(2 onces).
Sucre.	125 —	(4 id.).
Eau chargée de 6 fois son volume de gaz acide carbonique.	625 —	(20 id.).

Limonade gazeuse de Soubeiran.

On introduit dans chaque bouteille 61 grammes (2 onces) de sirop de limons, et l'on finit de la remplir avec de l'eau gazeuse à 5 volumes de gaz.

Autre de Julia de Fontenelle.

Acide citrique en poudre.	4 gram.	(1 gros).
Sucre id.	183 —	(6 onces).
Eau pure.	250 —	(8 id.).
Essence de citron.	4 gouttes.	
Eau gazeuse, à 5 volumes.	1 litre.	

On dissout le sucre et l'acide dans les 250 grammes (8 onces) d'eau ; on y ajoute l'essence ; on partage la solution dans des bouteilles de 625 grammes (20 onces), et on achève de les remplir avec l'eau gazeuse.

Observations.

Quand les limonades gazeuses doivent être gardées longtemps, elles ont besoin d'être mutées pour se conserver. Pour cela, on introduit dans chaque bouteille, avant de la remplir d'eau, une dissolution contenant 5 centigrammes (1 grain) de sulfite de soude. Elles peuvent alors être gardées indéfiniment. Au bout de quelque temps, le goût du sulfite disparaît entièrement.

On prépare de la même manière des limonades avec les sucs ou les sirops de *groseilles*, de *framboises*, de *fraises*, de *mûres*, de *grenades*, d'*oranges*, de *vinaigre*. etc.

Orangeade.

Également appelée *eau d'orange*, elle se prépare de la manière suivante : après avoir choisi une belle orange bien mûre, après avoir enlevé la peau qui la recouvre, on la coupe par tranches longues et minces, pour la mettre dans un vase avec 125 grammes (4 onces) de sucre et un litre d'eau ; on exprime ensuite le suc de deux autres oranges, dans lequel on mêle celui d'un citron pour les battre ensemble pendant quelque temps ; en transvasant d'un pot à un autre, après avoir passé le tout et tiré à clair, on fait rafraîchir pour l'usage ; c'est une boisson désaltérante, assez agréable, et qui devrait même être employée beaucoup plus souvent qu'elle ne l'est pour l'ordinaire.

Eau de fraises.

Pour préparer cette eau on prend des fraises de bois, ou mieux encore de ces belles fraises qu'on cultive aujourd'hui, et qui ont un jus abondant, rouge et sucré, et on en extrait les queues, les feuilles, débris de tiges etc. On en pèse 150 grammes que l'on jette dans un mortier de marbre, et on écrase en roulant le pilon, puis on y verse 1 litre d'eau bien limpide ; on roule encore doucement, mais assez longtemps pour en faire une sorte de bouillie que l'on verse ensuite dans un vaisseau vernissé, et on y ajoute une cuillerée à café de jus concentré de citron ou à défaut un gramme d'acide citrique, on agite doucement avec une cuiller de bois et on laisse infuser pendant deux heures; puis on pèse 150 grammes de sucre que l'on jette dans un pot de grès ou de faïence et que l'on couvre d'un gros linge; on coule le liquide au travers; on exprime le marc sous la presse, et lorsque le sucre est totalement fondu on filtre la liqueur à la chausse de laine et on la met en réserve pour en faire usage dans le jour.

Eau de framboises.

On choisit également des framboises fraîchement cueillies avant le lever du soleil, bien odorantes et d'une belle couleur écarlate, on les monde de leur queues; on en pèse 150 grammes que l'on écrase dans un mortier de marbre en roulant le pilon de manière à ne pas froisser les pépins. On y verse alors une cuillerée à café de jus concentré de citron, on laisse infuser pendant deux heures, on coule le liquide à travers un linge et on fait fondre 150 grammes de sucre, puis on filtre la liqueur à la chausse et on met en réserve ainsi qu'on a dit.

Eau de groseilles.

On choisit les groseilles d'une belle couleur rouge, mûres, transparentes, fraîchement cueillies, d'une acidité agréable, on les égraine puis on en pèse 750 grammes que l'on jette dans un mortier de marbre et que l'on écrase en roulant avec le pilon, mais en ayant soin de ne pas écraser les pépins. On ajoute 1 litre d'eau, on roule encore pour bien incorporer les deux liquides qu'on verse ensuite dans un vase où on les laisse infuser pendant une heure. On pèse 180 grammes de sucre qu'on met dans un pot lequel est ensuite recouvert d'un linge; on coule le liquide et on exprime le marc à la presse. Lorsque le sucre est totalement fondu on filtre la liqueur à la chausse et on conserve dans un lieu frais.

Lorsqu'on veut tempérer l'acidité du suc des groseilles et communiquer une saveur plus agréable, on supprime 60 à 80 grammes de ce fruit que l'on remplace par la même quantité de framboises en écrasant le tout ensemble.

Eau d'épine vinette.

L'eau d'épine vinette se prépare comme celle de groseilles, à l'exception qu'on n'y fait pas entrer de framboises dont le parfum annulerait la saveur agréable du fruit du vinetier.

Eau de cerises.

Quand on a fait choix de 7 à 8 hectogrammes de cerises douces d'une belle couleur rouge, translucides, bien saines et d'une saveur agréable, on les débarrasse de leurs queues, on les ouvre pour en extraire les noyaux qu'on met en réserve, et on jette le fruit dans un mortier de marbre, puis on écrase en faisant rouler le pilon afin de ne pas trop triturer ou diviser la pellicule qui renferme le suc. On verse un litre d'eau sur ce suc et on roule encore le pilon doucement, mais assez longtemps pour que le tout soit infiniment uni, on verse ensuite le liquide dans un vase vernissé, et dans le cas où les cerises sont très douces on y ajoute une cuillerée à café de jus de citron en agitant légèrement le mélange avec une spatule en buis; on laisse infuser pendant deux heures, puis on lave et on frotte les uns contre les autres les noyaux qu'on a mis en réserve afin de les dépouiller de la pellicule acerbe qui est fortement adhérente au bois, on les écrase ensuite dans un mortier et on les jette avec 150 grammes de sucre dans un vase de faïence que l'on couvre d'un gros linge à travers lequel on coule la liqueur. On exprime le marc à la presse, on agite fortement la liqueur, on laisse encore infuser les noyaux pendant quinze à vingt minutes; on filtre ensuite à la chausse et on met la liqueur en réserve dans un lieu frais pour en faire usage dans le jour.

On prépare souvent les eaux de fraises, de framboises et de cerises sans l'addition d'acide citrique qu'on a indiquée plus haut. A cet effet on jette ces fruits dans l'eau bouillante, ou bien on les écrase et on les laisse dans leur jus pendant dix, douze ou quinze heures; mais cette méthode laisse évaporer la majeure partie du parfum de ces fruits, et celles décrites paraissent mériter la préférence.

Eau de verjus.

On choisit le verjus dont les grains sont gros, bien remplis d'un jus acide, agréable, on l'égraine en ayant soin de séparer les petits pédoncules qui adhérent au fruit et l'on jette dans l'eau froide ; on lave, on en pèse 6 hectogrammes que l'on jette dans un mortier de marbre et on écrase en roulant le pilon et sans froisser les pépins qui, s'ils étaient concassés, communiqueraient à la liqueur une saveur amère et désagréable. On verse 1 lit. d'eau, et on agite doucement et promptement les deux liquides que l'on jette sur une toile ; on exprime vivement et on rejette le marc comme inutile. On pèse 180 grammes de sucre blanc, que l'on fait fondre dans le liquide auquel on ajoute une cuillerée de lait récent, et on filtre à la chausse. Si la liqueur est bien limpide on met au frais pour la consommer dans le jour.

CHAPITRE VII.

Boissons diverses.

Nous réunirons dans ce chapitre des formules propres à faire un assez grand nombre de boissons économiques, soit avec les fruits soit avec d'autres produits végétaux, et dont plusieurs se distinguent par l'économie de leur fabrication et le peu de manipulation qu'elles exigent : beaucoup d'entre elles pourraient être considérées comme de véritables boissons du pauvre et du petit ménager, et chacun pourra adopter celle qui sera la plus économique dans les circonstances où il se trouvera placé. On peut d'ailleurs faire varier à l'infini ces formules, et celles que nous donnons peuvent être simplement considérées comme des exemples.

Cidre de Berg-op-zoom.

Pour dix litres, on prend 6 hectogrammes de cassonade,
Un verre ordinaire de vinaigre blanc,
Six grammes fleur de sureau,
Quatre grammes de coriandre,

Et une pincée de fleurs de violette : le tout infusé trois jours dans dix litres d'eau. On le remue trois ou quatre fois le jour ; au bout de ce temps, on le filtre comme la liqueur ; on le met en bouteilles aussitôt, et on ne les tient couchées que trois jours en été et cinq en hiver ; autrement les bouteilles casseraient. Ce cidre est très bon, peu coûteux ; beaucoup de ménages à Nantes en font leur boisson ordinaire, le trouvent pétillant et très digestif.

Autre formule de cidre.

Sucre brut, 1 kilog. 250 gram. (2 1/2 liv.)
Sirop à 1 *id.* 750 (3 1/2 liv.)
Vinaigre fort, 1/2 lit.
Fleur de sureau ou autre, 8 gram.

Faites fondre le sucre, ajoutez le sureau et le vinaigre, faites 20 litres de liqueur à laquelle on peut ajouter un litre d'eau-de-vie, mettez en bouteilles ou en cruchons bien bouchés, qui restent couchés 4 ou 5 jours au plus dans cet état; on les relève ensuite, et on boit cet hydromel après 8 ou 10 jours, suivant la température.

Il est inutile d'indiquer comment on peut varier la composition de cette boisson du laboureur ; quelques essais en apprendront assez aux ménagères. Dans les campagnes, on profite de la chaleur du four, après la cuisson du pain, pour faire sécher les cerises, abricots, prunes, pommes, poires, qui ne peuvent être vendus ou consommés. Ces fruits secs bouillis dans l'eau entreront dans la composition des piquettes.

Vin de réglisse.

La boisson la plus économique, la plus saine et la moins dispendieuse, suivant la Maison rustique du 19e siècle, est la suivante, que tout cultivateur jaloux de conserver la santé de ses ouvriers doit préparer aux époques de la fauchaison et de la moisson, époques auxquelles il ne doit point permettre que ses travailleurs boivent de l'eau pure. Nous donnons plusieurs formules afin que l'on puisse choisir.

Crème de tartre, 100 gram. (3 onces 1/2).
Racine de réglisse 250 *id.* (8 onces).
Eau bouillante, 20 litres,
Eau-de-vie à 19 degrés, 1 litre.

VIN DE FRUITS.

On fait bouillir le sel et la réglisse jusqu'à ce que la crème de tartre soit dissoute ; on retire du feu ; on laisse déposer ou l'on passe dans un tamis serré ; après refroidissement on verse le tout dans un baril en ajoutant l'eau-de-vie. Cette boisson se consomme de suite.

Vin économique.

Crème de tartre, 100 gram.
Sucre brut, 750 *id.* (1 livre 1/2).
Ou sirop à 350, 1000 *id.* (2 livres.)

Eau bouillante ; ce qu'il faut pour dissoudre le tout. Ajoutez ce qui manque d'eau pour obtenir 20 litres.

Alcool 3/6, 1 litre, ou eau-de-vie à 18°, 2 litres.

Mettez en bouteilles bien bouchées. On peut ajouter quelques aromates, tels que fleurs de sureau, de mélilot, graine de coriandre, etc. Dans le midi on se servira des écorces de citrons, oranges, etc.

On peut remplacer la crème de tartre par le tiers en poids d'acide tartrique ou citrique.

Vin de sureau.

Les baies de sureau sont cueillies, placées dans un vase en pierre que l'on dispose dans l'eau bouillante ou dans un four jusqu'à ce qu'il soit impossible de tenir la main à la surface. On met le liquide exprimé dans une chaudière qu'on place sur le feu, en ajoutant 500 grammes (une livre) de sucre pour 20 litres de suc. La liqueur clarifiée est mêlée à l'eau de miel dans le rapport de 50 litres de cette dernière pour un baril de la première. Le tout est soumis à la fermentation, et clarifié avec des blancs d'œufs et du salpêtre. On laisse alors reposer jusqu'au printemps, et on ajoute à chaque tonneau 500 grammes (une livre) de fleurs de sureau et 500 grammes (une livre) de sucre. Au bout de quinze jours, le vin est fort et d'un arôme très-agréable.

Vin de fleurs de sureau.

On soumet à l'ébullition, pendant une heure et demie, un mélange de 50 litres d'eau, 3 kil. (6 livres) de raisin et 6 kil. (12 livres) de beau sucre. La liqueur refroidie est mêlée à un huitième de fleurs de sureau, 25 centil. (un demi-setier) de suc de limons, et 12 centil. (un quart de setier) d'aile; on laisse reposer trois jours et on ajoute un quart de vin du Rhin. Le liquide se clarifie en quatre ou cinq mois et est mis en bouteilles.

Vin de bouleau.

Cette liqueur se prépare vers la fin de février ou dans les premiers jours de mars, lorsque les feuilles ne sont pas encore développées et que la sève commence à s'élever ; si la saison est plus avancée, le suc est trop épais pour s'écouler : il doit être aussi clair que possible. On l'obtient en perçant l'arbre : mais afin de conserver celui-ci, on ne doit pas rapprocher les ouvertures. Le liquide s'écoule dans les vases disposés à cet effet. Lorsque la quantité de suc obtenu s'élève à 30 ou 40 litres, on bouche les bouteilles aussi vite que possible, et on ne les débouche que pour la fabrication du vin ; le suc obtenu est mis en ébullition et écumé, en y ajoutant 2 kil. (4 livres) de sucre pour 8 litres de liquide, et quelques écorces de citrons coupées très-mince; le liquide obtenu est mis à fermenter avec du gluten pendant cinq ou six jours en l'agitant fréquemment. La chaudière qui doit ensuite contenir le liquide est légèrement soufrée. On l'entonne, on le bouche et on le met en bouteilles environ huit jours après.

Vin de gingembre.

Le sirop se prépare avec 50 litres d'eau et 9 kilog. 500 gr. (19 liv.) de sucre ; une petite quantité de la liqueur est mise infuser sur 280 gram. (9 onc.) de gingembre concassé. Toutes les liqueurs réunies et presque refroidies sont mêlées à 4 kig. 500 gram. (9 liv.) de raisin avec 31 gram. (1 once) de colle de poisson, et les tranches de quatre citrons et du ferment. Le vin reste à l'air pendant trois semaines, et on le met en bouteilles.

On doit conserver six à huit litres de sirop pour l'ajouter à mesure et remplir la cuve pendant la fermentation, car il est nécessaire de tenir les vases parfaitement pleins. Les raisins sont composés de deux tiers de Malaga et un tiers de Muscat. Ce vin se prépare toujours au printemps et à l'automne.

Vin de panais.

On fait bouillir 6 kig. (12 liv.) de panais coupés en tranches dans trente litres d'eau, on passe et on ajoute 1 kil. 500 gram. (3 liv.) de sucre par huit litres de liquide. La solution faite est mêlée avec du ferment, et versée, au bout de dix jours, dans un baril que l'on maintient plein pendant un an.

Vin de primevère.

La liqueur sucrée se prépare avec 2 kilg. 500 gr. (5 liv.) de sucre, pour trente litres d'eau, puis en ajoute deux poignées de fleurs de primevère mondées et concassées, deux cuillerées de ferment, 500 gram. (1 livre) de sirop de limon et quelques zestes de ce fruit. Le mélange est mis en digestion pendant trois jours, puis on verse une petite quantité de suc de primevère. Un mois après, il est mis en bouteilles avec un morceau de sucre pour chaque bouteille. Il se conserve bien pendant l'année.

Le vin des autres fleurs odorantes, telles que le jasmin, etc., etc., se prépare de la même manière.

Vin de giroflée.

Le liquide se prépare avec 3 kilog. (6 liv.) de bon sucre et vingt-quatre litres d'eau. Le tout, clarifié et refroidi, est mêlé à 92 gram. (3 onc.) de sirop de bétoine, une forte cuillerée de ferment et une poignée de giroflée; l'infusion se prolonge pendant trois jours; on décante et on laisse fermenter pendant trois ou quatre semaines, puis on met en bouteilles.

Boisson canadienne, par M. Jean *Taylor*.

Eau froide. . . . . . 80 litres (40 pots).
Sirop ou sucre ordinaire. 7 kilog. (14 livres).

On fait infuser à part 367 grammes (12 onces) d'essence *of spruce*, dans une petite quantité d'eau chaude pour la délayer; on l'ajoute ensuite à la liqueur, on brasse et l'on remue jusqu'à ce que l'écume se forme; on la met ensuite dans un tonneau pour la faire fermenter; dès que la fermentation a cessé, on ferme la bonde, et au bout de deux ou trois jours, selon la température de l'air, cette boisson peut être bue ou mise en bouteilles.

L'essence *of spruce* se fait avec les bourgeons ou les sommités des branches du pin noir ou de la sapinette de Canada qui donnent à la distillation une huile qui, mêlée avec une décoction des bourgeons, constitue cette essence.

Boisson Algérienne; de MM. Trigant et Pascal.

Cette nouvelle boisson, nommée *Algérienne*, agréable et rafraîchissante, est, par la modicité de son prix, à la portée de toutes les classes de la société.

Pour vingt litres de boisson, il faut :

1 kil. 1,000 gr.	(2 liv.)	de sucre Bourbon,
250 —	(1/2 liv.)	de vinaigre,
1 kil. 1,000	(2 liv.)	de bière,
32 —	(1 once)	de caramel.

Ajoutez à ce mélange une pincée de fleurs de sureau mêlée avec un peu de violette qu'on laisse infuser.

Boisson fermentée économique.

Pour un tonneau de 150 litres, prenez :

Pâte de pain blanc, au moment où le pain va être mis au four	2 k. 250 g. (4 liv. 8 onc.)
Délayez avec eau.	de 8 à 10 litres
Et mélasse.	2 k. 750 gr. (5 liv. 8 onc.)

Versez dans la futaille qui doit contenir la boisson, et achevez de la remplir d'eau en agitant en même temps la liqueur ; ajoutez-y légèrement un bondon. On doit tenir ce tonneau dans un lieu qui ne soit pas trop frais, afin de favoriser la fermentation ; au bout de trois semaines, la liqueur est claire et bonne à boire. Si l'on veut lui donner la saveur du cidre, on mettra dans le tonneau, pendant deux ou trois jours, durant la fermentation, un sachet contenant 16 gram. (1/2 once) de fleurs de sureau, sèches.

KISTICHY.

Boisson faite avec le seigle, l'orge et l'avoine, par M. Saverne.

Farine d'avoine.
— de seigle.   } de chac. 6 kil. 750 gr. (13 liv. 1/2).
— d'orge.

On les délaie peu à peu et très-clair dans l'eau bouillante ; on verse dans trois pots de terre qu'on met à découvert dans un four chaud ; à chaque demi-minute, au plus, on remue avec une cuiller de bois ; au bout de trois heures, on a une bouillie qui a la consistance de la crème ; on la verse dans un grand baquet, où l'on délaie dans une quantité d'eau telle qu'on puisse obtenir 100 bouteilles de liqueur claire.

Ce baquet sera placé dans un local d'une température de 24 deg. cent. ; on y ajoutera suffisante quantité de levure de bière, une forte poignée de menthe et de raisins secs bien écrasés. Au bout de 24 heures, la fermentation s'établit ; quand elle est terminée, on tire la liqueur au clair dans un autre tonneau.

Liqueurs au sirop de raisin.

Pour obtenir des liqueurs au sirop de raisin, bien faites et bien moelleuses, on prendra :

Sirop blanc de raisin. . . . . . . 1 litre.
Alcool aromatique à 30 degrés. . . 1 —
Eau. . . . . 1 —

On peut remplacer l'alcool et l'eau par deux litres d'eau de-vie aromatique ; mais nous devons faire observer que les liqueurs à l'esprit-de-vin sont beaucoup plus fines, surtout si l'infusion alcoolique a été distillée.

Le mélange de ces liquides doit être fait dans de grands vases de verre qu'on bouche ensuite, et l'on ne doit filtrer la liqueur que quinze ou vingt jours après, afin que, dans cet intervalle, elle puisse déposer les substances salines que le sirop de raisin le plus limpide contient toujours.

Wisnak.

Le wisnak est une liqueur saine et agréable qu'on prépare en Pologne et qui se compose d'un mélange de jus de cerises écrasées et de miel bouilli : ces substances sont mélangées ensemble et abandonnées à la fermentation en les conduisant comme l'hydromel.

Liqueur des villageois.

Dans les campagnes du midi de la France, on prépare une liqueur fort bonne, de la manière suivante :

L'on choisit le meilleur raisin noir, bien mûr, et de préférence celui qu'on nomme ribeirenc; on l'égraine et on en remplit un grand plat que l'on porte au four, où on le laisse jusqu'à ce qu'il soit cuit; on passe alors le sirop qui en résulte à travers un linge propre.

D'autre part, on fait infuser dans un litre d'eau-de-vie à 19 degrés, 62 gram. (2 onces) de pétales d'œillets, 8 clous de girofle et 4 grammes (1 gros) de cannelle; on filtre et on mêle cette infusion avec parties égales de sirop de raisin, obtenu comme nous l'avons dit.

Cette espèce de ratafia est très-économique et d'un goût assez agréable; si le raisin a été cuit à point, il a une couleur violâtre.

On peut préparer ainsi des liqueurs de prunes, etc.

Distillation et Vinification des Betteraves.

Le *Journal des connaissances usuelles et pratiques* a donné un procédé dû à M. Liebermann, pour distiller et vinifier les betteraves : nous allons le rapporter ici :

« On a déjà converti la betterave en alcool; mais les moyens employés jusqu'alors étaient si défectueux qu'ils furent promptement abandonnés : le nouveau procédé réunit tous les avantages nécessaires à cette fabrication.

» L'ancienne méthode consistait à extraire par la presse le jus de la betterave et à le soumettre de suite à la fermentation; mais ce jus ainsi exprimé contient beaucoup de corps hétérogènes qui, mis en contact avec l'air ambiant, en altèrent considérablement la qualité; la fermentation alcoolique s'opérait donc avec altération, et on obtenait en définitive, pour produit, de l'alcool en très petite quantité et de très mauvais goût.

« Par le nouveau procédé, au contraire, le jus de betterave, une fois exprimé, on le soumet à la défécation par le procédé ordinaire ou à froid, en y associant la chaux, ou par le procédé de Stollé, le sulfite de chaux; après quoi on neutralise l'excès d'alcali que le jus contient toujours après la défécation; enfin on filtre sur le noir animal : on peut, à la rigueur, supprimer cette filtration. Après ces diverses opérations, on obtient une solution pure de sucre et d'eau, qui, pour être convertie en alcool, n'a besoin que de subir la fermentation alcoolique qui s'opère avec grande facilité et donne pour résultat un alcohol comparable aux meilleures esprits de vin.

« Le jus obtenu par l'eau est infiniment meilleur que celui provenant des presses; cette observation est applicable à la betterave verte. Quant à la betterave sèche, traitée par les procédés en usage, on est obligé d'étendre d'eau le sirop que l'on obtient, parce qu'il est ordinairement trop épais pour être soumis à la fermentation.

« La fabrication de l'alcool de betterave, au moyen du procédé décrit précédemment, a donné l'idée de faire du vin avec la betterave et autres végétaux sucrés, tels que la citrouille, etc.

« Lorsque l'on a épuré le jus de la betterave, c'est-à-dire que l'on a obtenu une solution pure de sucre et d'eau, il ne s'agit que de l'évaporer convenablement pour obtenir la densité des moûts de bons vins; après quoi on procède à la fermentation en ajoutant de la crème de tartre; et on lui donne le bouquet que l'on désire au moyen de plantes aromatiques.

« On obtient par ce moyen un vin d'un goût et d'une limpidité qui ne laissent rien à désirer, et aussi sain que celui du raisin.

« Le vin de betterave, à cause des éléments qui le composent, est d'une délicatesse exquise et d'une suavité parfaite; il est de plus propre à produire des vins de toute espèce en diversifiant son arôme, n'en ayant pas de particulier; il se prête aussi merveilleusement à la fabrication du vin de Champagne. »

LIVRE TROISIÈME.

CHAPITRE PREMIER.

Du cidre.

Le cidre diffère des autres liqueurs fermentées par l'acide malique qu'il contient. On le retire presque toujours des pommes ; sa qualité dépend de celle des fruits, du degré de leur maturité et de la manière de confectionner la liqueur.

Qualité des pommes.

Quelques personnes croient que les seules pommes propres à faire du bon cidre, sont celles qui sont douces ou amères, à l'exclusion de celles qui sont acides ou âpres ; néanmoins toutes les pommes sont susceptibles de fournir du bon cidre lorsqu'elles sont traitées convenablement.

Dans quelques pays abondans en cidre, on mêle toutes les qualités de pommes pour sa confection ; par là on obtient une qualité de cidre toujours la même, ce qui contribue puissamment à son exportation hors de la province.

La pomme doit être bien mûre, mais la maturité qu'elle acquiert sur l'arbre n'est point encore suffisante, il faut lui faire éprouver une seconde maturité, que quelques chimistes ont appelée fermentation saccharine, par un repos plus ou moins prolongé sur un sol exempt d'humidité et aéré, ou à son défaut sur un lit de paille ; la pomme se débarrasse d'une partie de son acide qui, en se combinant avec le ligneux, forme du sucre. Lorsqu'on s'aperçoit en goûtant les pommes qu'elles ont perdu toute l'acidité qu'elles sont susceptibles de perdre, on procède au pressurage.

Pressurage.

Avant de soumettre la pomme au pressoir, quelques personnes la pilent ; mais il vaut mieux l'écraser dans un moulin, ce qui d'ailleurs exige moins de travail. Le moulin, figure 1re de la planche qui est jointe à la fin de cet ouvrage, est propre à cet effet, et si l'on veut écraser une plus grande quantité de pommes à la fois, on se sert du moulin figure 2e. Ensuite on soumet la pulpe ainsi divisée au pressoir, et, après avoir exprimé tout le suc possible, on remanie le marc, on l'arrose avec de l'eau et on presse de nouveau, et la liqueur obtenue par cette seconde expression, quoique plus transparente, a une pesanteur spécifique égale à celle de la première qu'on appelle *mère-goutte*.

Fermentation.

Lorsqu'on a obtenu le moût, comme nous venons de le

dire, on le fait fermenter. Pour cela, tantôt on le met dans des tonneaux, et on le soutire trois ou quatre fois à mesure que l'on voit un dépôt qui se forme à sa surface ; lorsqu'il ne s'en élève plus, on le laisse s'achever par une fermentation insensible ; d'autres fois, on le met dans des cuves, d'où on le soutire au bout de trois ou quatre jours, pour ne le plus soutirer. Par la première méthode, la fermentation est moins parfaite ; mais le cidre est plus transparent.

Pour que la fermentation se fasse bien, il convient que la température soit d'environ quinze degrés, ou moins si la masse est considérable.

On n'a encore fait qu'un très-petit nombre d'essais tendant au perfectionnement de l'art de fabriquer le cidre ; cependant il en paraît susceptible. Nous allons donner un léger aperçu de ce qui a été fait à cet égard et de ce qui pourrait être tenté.

On a déjà vu dans ce qui précède la nécessité de la présence du sucre pour la fermentation, et que la qualité et surtout la spirituosité des liqueurs fermentées dépend presque en entier de la quantité de sucre contenue dans le moût, d'où il résulte que plus la saccharification est complète et plus le moût est propre à donner de bon cidre : c'est pourquoi il paraîtrait convenable de cuire les pommes avant de les convertir en moût, comme cela se pratique pour les groseilles et autres fruits acides. On remarque, en effet, que lorsque les pommes ont été soumises à la cuisson, il s'en sépare spontanément une liqueur douce, imprégnée de tout le parfum de la pomme, et qui a une pesanteur spécifique de quinze degrés et plus, au lieu que le moût obtenu de la manière ordinaire n'en a une que de huit degrés au plus.

On peut, si on le désire, pour lui rendre la sapidité que peut lui avoir ôtée la cuisson, y introduire du tartrate de potasse, et par là le rapprocher du vin.

La cuisson peut s'opérer ou à sec, ou dans l'eau, ou par le moyen de la vapeur. Des expériences comparatives bien faites feraient voir lequel est préférable.

Un amateur anglais prétend avoir imité du vin de Madère, en ajoutant à du cidre de bonne qualité l'alcool obtenu par la distillation d'une égale quantité de cidre.

On pourrait également communiquer divers arômes au cidre; mais leur choix dépend entièrement du goût et de l'expérience.

Il est souvent à craindre que le cidre entre de nouveau en fermentation et se détériore rapidement. Pour prévenir cet inconvénient, il faut carboniser l'intérieur des tonneaux dans lesquels on le met. Le même moyen pourrait s'employer pour le vin, mais le décolorerait.

Le cidre se met ordinairement en bouteilles au mois de mars. Il faut bien observer en procédant à cette opération de ne pas les boucher immédiatement : les bouteilles casseraient. Il faut attendre quelques jours pendant lesquels elles doivent être bouchées très-légèrement.

Du petit cidre.

Le gros cidre dont la fabrication a été traitée ci-dessus, ne peut pas plus servir à l'usage journalier que les vins spiritueux. Pour cet usage, on doit préférer le petit cidre; c'est pourquoi nous allons donner la manière de le confectionner.

Après avoir extrait des pommes le cidre véritable dont nous avons traité dans le précédent paragraphe, on ajoute au marc autant d'eau qu'on a fait de cidre, on le broie bien et on le soumet de nouveau au pressoir; on peut y ajouter encore de l'eau, si on désire un cidre très-léger, comme aussi ajouter quelque peu de pulpe nouvelle au marc, si on désire, au contraire, augmenter sa qualité.

On peut encore confectionner un cidre qui tienne le milieu entre le gros et le petit cidre, en ajoutant plus ou moins d'eau à la pulpe fraîche, et en la traitant ensuite comme pour le gros cidre.

On a aussi imaginé de faire du cidre avec des pommes préalablement desséchés au four, et en les laissant ensuite macérer dans un égal volume d'eau, après quoi on les met fermenter dans des tonneaux clos, ce qui prolonge la fermentation pendant plusieurs mois.

Ce procédé est surtout digne d'attention, en ce que le cidre ne peut pas commodément se transporter à de grandes distances, tandis que le fruit desséché ne connaît aucune borne à cet égard, et qu'on pourra très-facilement conserver du fruit d'une année abondante pour une autre qui le sera moins.

Cidre cuit.

On fait bouillir jusqu'à réduction d'un quart et même d'un tiers, dans un chaudron de cuivre bien nettoyé, cinquante à soixante litres de cidre pur sortant du pressoir. Quand il est presque entièrement réduit au point déterminé, on ajoute deux ou trois kilogrammes de miel, et l'on écume soigneusement pour que la liqueur soit pure. Elle doit être ensuite versée dans une barrique de deux hectolitres que l'on achève de remplir d'eau commune. Le tout sera bien remué avec un bâton, tous les jours, pendant une semaine, au bout de laquelle on goûtera la liqueur, que l'on peut fortifier, si l'on désire, en y ajoutant deux litres d'eau-de-vie.

Autre cidre cuit.

Il se prépare comme la boisson précédente et se conduit de même jusqu'à la fin, excepté qu'au lieu des divers fruits qu'on emploie pour le composer, on jette dans la barrique des pommes qui, coupées par tranches épaisses, ont été desséchées au four sur des claies, et que l'on conserve sainement pour y avoir recours au besoin. Quand on désire améliorer ce cidre, comme la liqueur précédente, on ajoute, en les préparant, un litre de mélasse ou de bonne eau-de-vie par 60 à 100 litres.

Ceux du reste qui désireront acquérir des notions plus étendues sur la boisson en question pourront consulter le *Manuel du fabricant de cidre*, qui fait partie de l'*Encyclopédie-Roret*.

CHAPITRE II.

Du poiré.

Le poiré est extrait de la poire à peu près de la même manière que le cidre de la pomme; mais il vaut mieux le faire fermenter dans les tonneaux, comme le vin blanc, dont le goût est beaucoup mieux imité par le poiré que par le cidre : aussi le poiré est-il souvent employé pour falsifier le vin blanc, et quelquefois même le vin rouge, en y ajoutant du vin très-coloré ou une substance colorante.

Le poiré est réputé produire une ivresse beaucoup plus dangereuse que celle des autres liqueurs fermentées : c'est pourquoi il importe de masquer ses effets, en mêlant la poire à d'autres matières. On peut employer à cet effet du raisin; mais mieux du raisin sec, du sucre, du sirop de pommes de terre, du miel, etc.

1°. Faites chauffer du moût de poires obtenu par le moulin et la presse, tel que nous l'avons décrit pour les pommes, ajoutez-y dix à douze pour cent de raisins secs, et, lorsque le mélange sera refroidi, retirez le raisin pour le fouler, et remettez-le néanmoins dans le moût; mettez le tout dans un tonneau, soutirez quinze jours après; et, après trois ou quatre mois de repos à la cave, vous aurez un excellent vin blanc.

2°. Dans un tonneau d'un hectolitre, mettez trois décalitres de poires réduites en pulpe, et achevez de remplir avec du sirop clair de pommes de terre d'une pesanteur spécifique d'environ huit degrés; après avoir fermé légèrement le tonneau, exposez-le pendant huit jours dans un lieu chaud, après quoi vous tirerez dans un autre tonneau et vous foulerez le marc. Après un mois de séjour à la cave, ce vin sera tel qu'on ne pourra le distinguer des meilleurs vins blancs de raisin.

On peut remplacer le sirop de pommes de terre par du sirop de sucre ou bien par du sirop de miel : ce qui rapproche le poiré de l'hydromel.

Le *Manuel du fabricant de cidre* de l'*Encyclopédie-Roret* renferme aussi des détails étendus sur la fabrication du poiré.

LIVRE QUATRIÈME.

CHAPITRE Ier.

Des bières économiques et de ménage.

La bière se prépare ordinairement, comme on sait, avec de l'orge germée et du houblon, et est fabriqué en grand par les brasseurs. Mais il est possible de préparer aussi dans les ménages des boissons analogues à la bière, qui reviennent à un prix très modéré ; et dont on peut faire varier à volonté la force ou la saveur.

On applique aussi quelquefois le nom de bière à des boissons dans lesquelles n'entre pas tantôt l'orge germée, tantôt le houblon, mais où le dernier est remplacé par quelque substance aromatique végétale, qui leur communique un goût agréable et des propriétés toniques. Nous indiquerons quelques-unes des recettes les plus vulgaires et qui serviront d'exemples pour ces sortes de boissons.

Bière économique.

On trouve dans la *Maison rustique du 19ᵉ siècle* la formule que voici :

« De toutes les boissons, c'est celle qui, l'été, c'est-à-dire depuis le commencement de mai jusqu'au mois d'octobre, peut se préparer partout, promptement, sans embarras ni appareils compliqués : ce qu'il y a de plus commode, c'est qu'on ne peut fabriquer que la quantité nécessaire à la consommation. Un chaudron, un baquet ou une terrine en grès, un baril ou bien une dame-jeanne, un tamis de crin ou un crible, voilà, pour cette objet, tous les ustensiles nécessaires et qui existent dans tous les ménages.

« Les ingrédiens pour faire les bières ne sont pas en grand nombre : du sirop de fécule ou de dextrine, du houblon, des tiges feuillées de germandrée ou petit chêne, de la petite centaurée, de la camomille romaine, feuilles et fleurs, ou même de la tanaisie, et enfin de la levure.

« En attendant que l'orge germée, la drèche ou malt, soit l'objet d'une industrie spéciale, on se procurera le sirop de dextrine chez les marchands ou à la fabrique de Neuilly ; mais les frais de transport ne permettront pas, dans les lieux éloignés de la capitale, de profiter de cette fabrication pour la préparation de la bière économique. Ceux qui pourront se procurer du malt, ou le préparer eux-mêmes en petite quantité, trouveront un grand avantage dans la saccharification de la fécule. On doit employer la farine de malt dans la proportion de 5 à 10 pour 0/0 de fécule de pommes de terre.

« La formule suivante est pour un hectolitre. Sirop de fécule à 35 ou 1320 de densité 2 litres (un décilitre d'eau pesant 100 gram., la même mesure de sirop doit peser 132 gram.) Si on désirait avoir une bière plus alcoolique, il faudrait augmenter la quantité de sirop.

« La proportion du houblon est de 600 à 1000 grammes, suivant la température. On peut remplacer la moitié du houblon par autant des plantes amères sèches que nous avons indiquées. Je me suis très bien trouvé de cette substitution, et j'ai même préparé d'assez bonne bière sans houblon, en ajoutant quelques aromates.

« On verse sur le houblon, ou les autres substances aromatiques et amères, 10 litres d'eau bouillante ; on laisse infuser pendant une heure ou deux dans un vase couvert ; on passe à travers un tamis de crin, on exprime le marc dans un linge ; puis on le fait bouillir dans 12 litres d'eau réduite à 10 litres ; on passe avec expression. Cette décoction est ensuite mêlée avec la première infusion et le sirop dissous dans la quantité d'eau nécessaire pour compléter les 115 litres 1/2 de bière. On ajoute la levure et on verse le tout dans un baril ou autre vase qui doit être empli jusqu'à la bonde et placé dans un lieu dont la température doit être de 18 à 20° centigrades. La fermentation ne tarde pas à s'établir ; le moût travaille et se couvre d'écume qui s'échappe par la bonde, et qui est recueillie dans un vase placé convenablement. Lorsque la liqueur a cessé de travailler, qu'elle est éclaircie, on la soutire dans un autre baril qui doit être plein et bondé avec la bonde hydraulique, et qu'on descend à la cave huit jours après ; on colle de la même manière que pour la bière ordinaire, et 24 heures après on met en bouteilles ou en cruchons. On ajoute à la colle un peu d'alcool ou d'eau-de-vie, 1/2 litre du premier et le double de celle-ci, et si l'on tient à la mousse, on verse une 1/2 liv. de sirop pour 120 litres. Dans ce cas il faut bien boucher et tenir les bouteilles droites après 3 ou 4 jours de couchage. Cette boisson ne revient qu'à 10 cent. le litre ; elle ne coûterait même que 5 cent., si l'on pouvait dans les campagnes fabriquer soi-même le sirop qui, par les frais de fût et de voiture, coûtera en province 40 ou 48 fr. les 100 kilog. Mais il faut espérer non-seulement que l'orge maltée ou la drèche se trouvera bientôt dans le commerce, mais encore que l'industrie livrera aux consommateurs une préparation de diastase au moyen de laquelle on pourra partout saccharifier la fécule de pommes de terre. »

Bière économique et de ménage.

Remplissez une barrique contenant de cent dix à cent vingt litres d'eau ; si vous avez un vase assez grand pour pouvoir mettre le tout au feu, la bière n'en sera que meilleure : le procédé est le même ; je suppose que vous ne puissiez mettre que quarante litres dans un chaudron, vous mettez dedans quatre livres d'orge grillée comme on grille le café ; si vous pouviez prendre de l'orge germée chez un brasseur, vous la feriez bien meilleure ; vous pourriez la moudre vous-même, en desserrant la noix d'un moulin à café ; vous mettez, dis-je, ces quatre livres d'orge grillée, à défaut de celle germée, avec huit livres de farine de froment avec le son, trois pieds de veau bien frais, 125 gram. (quatre onces) graines de genièvre, 31 grammes (une once) de cannelle ; on fait bouillir le tout pendant trois heures entières, on y ajoute, au bout d'une heure de cuisson, 1/2 kilog. (une livre) de fleurs de houblon bien grasses ; en les pressant avec les doigts, il se répand une odeur fort agréable, et le suc vous tient aux doigts ; il faut prendre celles-là de préférence à celles qui sont sèches en les frottant ; au bout des trois heures de cuisson, vous passez la bière par un tamis de crin, et vous la mettez dans la barrique où il reste soixante livres d'eau ; il faut prendre garde qu'en le mettant dedans, le tout ne devienne trop chaud : il faudrait mieux attendre une demi-heure avant de la remplir, parce que le tout ne doit être que tiède, afin que le levain fasse son effet ; on mettra dans le tonneau en même temps que la bière ; quand le tonneau sera plein, on retirera un litre de bière pour faire dissoudre une livre de levure de bière que vous vous serez procurée chez un brasseur ; il vaut mieux en mettre plus que moins ; quand le levain est bien dissous, on le met dans la barrique, dont le liquide ne doit être que tiède ; on remue avec un morceau de bois, afin que le levain se mêle bien avec la bière, et l'on a le soin de tenir la bonde de la barrique de côté, afin que cela facilite la sortie de l'écume. Il faut toujours que le tonneau soit bien plein ; afin que ça sorte facilement de la bonde, on la laisse jeter tant qu'elle peut ; quand elle a fini, on bonde la barrique, que l'on laisse reposer pendant quelques jours, afin qu'elle soit claire pour la mettre en bouteilles. Si elle ne s'éclaircissait pas seule, ce qui arrive quelquefois, on la colle comme il est dit plus bas, et au bout de trente six à quarante-huit heures, on la met en bouteilles.

Bière de ménage dans quelques parties de la Flandre.

On fait germer l'orge dans un endroit bien frais ; quand le germe est assez sorti, on la laisse sécher sur un plancher bien sec et bien aéré, on la passe sur une tôle qui a du feu dessous, de manière à ce que l'orge sèche doucement ; puis on la met au moulin, où elle est réduite en farine grossière ; cette farine, après quelques jours de repos, sert à former une pâte qu'on fait cuire pendant deux heures dans un four bien chaud, et qu'on coupe ensuite par tranches qu'on écrase et qu'on mélange avec une petite quantité d'eau.

Le cuvier doit être préparé d'une manière analogue à celle qu'on emploie pour faire la lessive ; percé au fond, d'un trou qu'on peut boucher ou déboucher avec une bonde, des bâtons placés à deux pouces de distance les uns des autres garnissant son fond ; on les couvre de paille de seigle saupoudrée ensuite d'une corbeillée de menue paille, sur laquelle on place la pâte d'orge germée, préparée ainsi qu'il est dit ci-dessus.

Pour faire la bière le soir, il faut commencer à pétrir à midi, et faire l'espèce de pain rond de la grosseur d'un pain de 1 kilog. et demi ; la pâte doit être retirée du four une demi-heure après que le houblon est cuit.

Le houblon doit être tenu dans l'eau bouillante pendant deux heures, après quoi il est versé sur la menue paille placée dans le cuvier avec l'eau qui a servi à la cuisson ; on verse ensuite cent litres d'eau bouillante sur le tout, et l'on agite d'une manière continue, avec une pelle de bois, tout le mélange qui se trouve au-dessous de la paille de seigle ; ensuite on laisse reposer pendant une heure au moins, et l'on peut après soutirer la bière.

Lorsque la bière a été soutirée, on la laisse refroidir on en prend un seau dans lequel on met une livre de levure et une couple d'assiétées de farine de seigle, de blé ou d'avoine, qu'on délaie avec soin dans le seau ; après que le mélange a reposé suffisamment, on le verse dans la bière, on remue le tout avec soin, et ensuite on l'entonne.

La fermentation commence six à huit heures après que la bière a été entonnée ; elle dure tumultueuse pendant dix à douze heures, suivant la température de l'atmosphère.

Pour faire un hectolitre de bière, il faut employer 1 kilogramme et demi de houblon de bonne qualité, 1 kilogramme et demi de farine d'orge germée et réduite en grosse farine, et un peu plus de cent litres d'eau.

Bière de pomme de terre.

Proportion des matières à employer pour cent litres.

10 kilogrammes fécule de pomme de terre.

2 kilogrammes et demi d'orge germée et concassée, comme les brasseurs l'emploient.

Et 200 grammes de houblon.

On prend les 10 kilogrammes de fécule, on les délaie dans dix litres d'eau froide ; agitez fortement le mélange, et pendant ce temps faites arriver cent litres d'eau bouillante. A cette époque, la fécule doit être cuite et convertie en une gelée claire et sans grumeaux ; la température du mélange doit être de cinquante à cinquante-cinq degrés de Réaumur ; vous y ajoutez alors les 2 kilogrammes et demi d'orge germée que vous aurez eu soin de faire tremper pendant un quart d'heure dans 2 litres d'eau à quarante degrés ; vous agiterez encore fortement ce mélange pendant dix minutes, pour que l'orge germée soit bien mêlée avec l'empois, et qu'il y ait un contact parfait entre les deux matières.

Rappelez-vous que ce mélange doit être fait à cinquante-cinq degrés environ ; vous couvrez le vase, et vous abandonnez la matière à elle-même pendant cinq à six heures ; seulement il est essentiel de la remuer une dixaine de fois pendant le repos, et cela uniquement pour mettre en suspension les matériaux de l'orge qui se précipite au fond du vase.

Après le repos prolongé cinq à six heures, la température du liquide est retombée à trente ou à trente-cinq degrés environ ; vous soutirez tout le clair, et ne laissez au fond du vase que les matériaux solides de l'orge qui y sont réunis en couche.

Vous portez le liquide en chaudière ; arrivé à l'ébullition, il jette une écume qui prend une consistance suffisante pour être enlevée à l'écumoir ; vous ajoutez alors le houblon, et concentrez la masse jusqu'à réduction à cent litres environ.

Alors vous le filtrez à travers une toile quelconque, vous le laissez refroidir jusqu'à vingt à vingt-cinq dégrés ; il serait bien même de favoriser le prompt refroidissement en disséminant le liquide en couches minces dans plusieurs vases ; enfin, quand le refroidissement est tel qu'on vient de l'indiquer, vous mettez le liquide en barrique, comme le font les brasseurs, avec 250 grammes de levure en pâte ou fluide ; vous laissez fermenter, en ayant soin de mettre la bonde de côté, et de remplir fort souvent la barrique, afin que la levure sorte facilement. On procède comme à l'autre pour la coller et la mettre en bouteilles.

Bière de groseilles.

Dans ses *Instructions sur l'art de faire la bière*, Paris, 1785, in-12), *Le Pileur d'Appligny* rappelle que l'on tire des groseilles, en Angleterre, une très bonne eau-de-vie, que l'on parfume avec les feuilles du même arbrisseau, dans la vue de lui donner une odeur qui approche de celles des eaux-de-vie de France ; mais ce qui lui paraît le plus digne d'attention, c'est le mélange du moût de drêche avec le suc de groseilles : quatre litres (quatre pintes) de suc de groseilles suffisent pour trente-huit litres (quarante pintes) d'extrait de drêche, ce qui fait environ vingt-huit litres et demi (trente pintes) de ce suc pour deux hectolitres (un muid). Il faut faire cette bière dans la saison où les groseilles sont parvenues à leur maturité, ou un peu plus tard, si l'on veut, les groseilles pouvant rester sur l'arbre au moyen des précautions connues, jusqu'au mois de novembre. *Le Pileur d'Appligny* ajoute ce qui suit.

Cette bière est plus agréable et plus salubre qu'aucune bière fabriquée suivant le procédé des brasseurs, et elle se conserve très bien. L'addition du suc des groseilles n'occasionne pas une grande dépense, et on la regagne bien par la simplicité des opérations. Ce fruit est fort commun. Il le serait encore davantage, si l'on en faisait une plus grande consommation, puisque l'arbrisseau qui le fournit se multiplie très facilement par boutures. »

Bière économique.

Les pommiers n'ayant rien produit en Normandie et en Bretagne pendant les années 1715, 1718, 1773 et 1775, on trouve dans une feuille intitulée les *Archives de Normandie* de l'année 1773, qu'on y avait suppléé principalement par une sorte de bière économique, et facile à fabriquer.

On prenait 1° 4 kilogrammes d'orge que l'on faisait cuire autant qu'il était possible, et qu'on réduisait en bouillie assez liquide pour être passée dans un linge, 2° 2, 5 kilogrammes de mélasse, 3° autant de levain de pâte. On délayait le tout ensemble, ensuite on le mettait dans un vase d'une capacité d'un hectolitre et qu'on remplissait d'eau chaude en y ajoutant un litre d'eau-de-vie. Cette liqueur fermentait pendant cinq à six jours, on laissait le tonneau débondé et seulement couvert. On pouvait boire au bout de quinze jours de fermentation. On y ajoutait quelquefois des feuilles d'absinthe pour donner de l'arôme, de la racine de fraisier pour donner de la couleur, mais cette recette ne paraît pas encore la plus économique qu'on puisse offrir pour ces sortes de boissons.

Bière de son de P. Roerig.

Pour la fabrication d'un hectolitre il faut :
100 litres d'eau ;
1/2 kilog. de houblon ;
7 kilog. 500 grammes de son ;
5 kilog. de sirop de fécule de pommes de terre.

Il est essentiel de faire bien sécher le son au moyen d'une chaleur artificielle avant de l'employer ; on le fait ensuite bouillir, soit dans les chaudières, au moyen du chauffage ordinaire, soit par la vapeur.

Cette première opération dure deux heures : on sépare alors la liqueur du son, et on la soutire à clair.

Cette opération étant faite et le son étant enlevé, on remet la liqueur dans une chaudière, on y ajoute le sirop de fécule.

On entretient une chaleur de 60 à 70 degrés pendant une heure environ, jusqu'à ce que le liquide ait acquis sa qualité succulente et sirupeuse.

Alors on ajoute le houblon et l'on fait bouillir le tout ensemble pendant deux heures.

On tire ensuite à clair et on laisse refroidir.

Dès que le liquide n'a plus environ que 20 ou 24 degrés de chaleur, on le met en levure pour obtenir la fermentation.

Voici mes moyens de fabrication tout nouveaux, offrant une économie considérable, et fournissant le moyen de donner au peuple, à très bon marché, une excellente boisson.

Il entre ordinairement dans la fabrication d'un quart de bière pour 3 fr. 50 cent. d'orge environ; il faut que cette orge soit germée, torréfiée et moulue, toutes préparations qui coûtent au moins 1 fr. 50 c. par quart, ce qui fait un total de 5 f.

Dans mon mode de fabrication, 40 centimes de son remplacent les 5 francs d'orge pour obtenir la même quantité de bière.

Le son, qui sert à la fabrication, est excellent pour la nourriture des bestiaux, et peut être vendu 30 centimes; ce qui réduit à presque rien les frais de la matière première.

J'ajouterai que le sirop de fécule de pommes de terre substitué toujours dans mon procédé à la mélasse dont se servent le plus ordinairement les brasseurs, est plus sain, plus substantiel et moins cher. (Quelques brasseurs font cependant usage du sirop de fécule).

Je dois encore insister sur ce que mon procédé donne une économie considérable de temps, de personnel et de combustible.

L'économie de temps est une chose très importante en été, saison pendant laquelle les brasseurs ne peuvent pas suffire aux demandes qui leur sont faites, si les chaleurs sont un peu fortes; cela se comprend, puisqu'il faut quarante-huit heures pour faire un brassin ordinaire, et qu'il ne faut dans mon procédé que six heures au plus.

Kivas ou Bière russe.

Il faut avoir une feuillette contenant 118 ou 128 litres et la choisir propre et exempte de toute mauvaise odeur. On y fera brûler, si l'on veut, un bout de mèche de soufre, après quoi on la tiendra bien bouchée pendant quelques heures. Ensuite on y introduira par la bonde, au moyen d'un cornet de carton mince ou d'un fort papier, 7 kilog. 500 grammes (15 livres) de bonne farine de seigle moulu un peu fin et mêlé avec le son; on y introduira de même, mais sans cornet, et peu à peu, 1 kil. 500 gr. (3 livres) de seigle en grain qu'on aura fait germer dans une étuve quelconque, ou en le tenant au-dessus d'un four de boulanger et le mouillant de temps en temps avec un peu d'eau tiède; on versera dans la futaille, avec un entonnoir, environ vingt pots d'eau chaude; on bouchera et on agitera la feuillette à la façon des tonneliers quand ils rincent un tonneau, et s'il est possible, on la placera à peu de distance du foyer ou dans tout autre lieu un peu chaud; sinon, on se contentera de la mettre à l'abri de la pluie et du froid. De six heures en six heures, on y versera la même quantité d'eau chaude, et on remuera de même. Ce vase étant rempli, on le laissera 24 heures sans y toucher, après lequel temps on y fera entrer un bâton propre et solide, avec lequel on mêlera et brouillera ce qu'il renferme, opération qui sera répétée deux ou trois fois le jour, pendant une huitaine, et qu'on cessera pour laisser reposer le mélange et clarifier la liqueur, ce qui ne demande que quatre ou cinq jours. Alors on soutirera en perçant au tiers inférieur de la feuillette, au-dessous duquel tiers se trouvent précipités la farine et le grain.

Le kivas, tiré au clair, mais conservant toujours ce qu'on appelle un œil un peu louche, comme le petit-lait non-filtré, est transvasé dans un baril bien propre, où l'on attend qu'il ait fermenté complètement et qu'il se soit ultérieurement éclairci pour le mettre en bouteilles ou en cruches. Conservé quelque temps dans les unes ou dans les autres, il acquiert une saveur vineuse, un piquant plus ou moins agréable. C'est dans cet état que peuvent le boire les personnes qui ont le moyen d'attendre, et qui ne font pas du kivas leur boisson ordinaire. Les autres le boivent au tonneau même, où elles le tirent à mesure qu'elles en ont besoin.

On donne aux plus pauvres gens la lie du tonneau, sur laquelle ils passent de l'eau chaude, et dont ils obtiennent encore une sorte de piquette assez sapide et très-salubre. Les fèces ou résidus ayant été ainsi lavés, sont réservés pour les bestiaux, à qui ils profitent beaucoup.

L'addition, pendant la fermentation, d'un peu de *verveine*, de *citronnelle commune* des jardins, de *baies de genièvre*, ou de telles autres plantes aromatiques ou amères, selon le goût de chacun, doit être considérée comme indispensable.

On voit qu'il serait difficile de mettre un prix à une boisson qu'on peut renouveler à chaque instant, et dans la plus misérable chaumière, avec des produits communs et de peu de valeur. La liqueur, toute préparée, vaudrait tout au plus aujourd'hui, dans le pays, un centime le litre.

Tout annonce que l'orge ou le froment serait préférable au seigle, et qu'il faudrait modifier en cela la recette indiquée.

Genevrette.

Dans les pays montagneux et qui offrent peu de ressources, les pauvres pilent les baies de genièvre, les jettent dans une certaine quantité d'eau et abandonnent le tout à la fermentation. C'est la boisson qu'on nomme genevrette et qu'on commence à boire au moment où cette fermentation est appaisée.

Cette boisson qu'on appelle aussi vin de *genièvre* et qui est très salubre se prépare de la manière suivante.

On prend huit décalitres (six boisseaux) de graines de genièvre concassées, et trois ou quatre poignées d'absinthe; on laisse infuser et fermenter le tout, pendant un mois, dans quatre-vingt-quinze litres (cent pintes) d'eau : on tire à clair. Ce vin n'est agréable qu'autant qu'il est vieux; mais on lui attribue d'assez grandes vertus pour fortifier l'estomac, débarrasser les reins, contre les diarrhées, les coliques venteuses et autres. Quelques agronomes ont proposé, comme il revient à très bon compte, qu'il serait bon d'en faire boire quelquefois aux animaux, surtout quand on n'a que des eaux saumâtres, ou de fonte de neige, à leur présenter.

Vin de genièvre.

Délayez 50 kilg. (100 livres) de baies de genièvre écrasées bien fraîches et bien mûres, avec 5 kilog. (10 livres) de cassonnade ou de miel, 1/2 kilog. ou 1 kilog. (1 ou 2 livres) de levain de farine de seigle, et environ cent litres d'eau chaude. Ajoutez-y un peu de coriandre concassée ou quelques tiges d'angélique ; versez le mélange dans une futaille défoncée ou dans un grand baquet où vous continuerez de l'agiter pendant quelques minutes ; couvrez hermétiquement le vaisseau avec des planches, et donnez au local une température d'environ 25 degrés Réaumur.

Tous les phénomènes de la fermentation ne tarderont pas à s'établir ; vous reconnaîtrez qu'elle est achevée, à l'éclaircissement de la liqueur, à la rupture de la croûte qui la recouvre, et aux autres signes décrits. Profitez de ce moment pour mettre le vin en barils ; laissez-lui subir la fermentation insensible dans un lieu dont la température ne dépasse pas douze à quinze degrés : soutirez la liqueur une seconde fois, et conservez-la à la cave dans des barils exactement pleins et bien bouchés, jusqu'au moment où vous voudrez la mettre en bouteilles.

Le vin de genièvre, préparé par ce procédé, est fort agréable à boire quand il a au moins un an de garde en barils, et quelques mois de bouteilles. Quelques personnes font bouillir les baies dans l'eau pendant une demi-heure, et ajoutent dans cette décoction tirée au clair les substances qu'elles jugent les plus propres à hâter la fermentation : je ne vois pas l'avantage de cette méthode.

Bière de sapinette ou spruce-bier.

Duhamel qui a parlé de la genevrette, dit qu'elle serait meilleure si l'on ajoutait de la mélasse, et si on la traitait comme l'épinette ou sapinette du Canada.

L'on croit devoir à ce sujet donner quelques détails, d'après le mémoire de *Kalm* (*collection académique*), partie étrangère.

Il y a deux méthodes pour fabriquer en Amérique cette espèce de bière de sapinette ou bière d'épinette, qui se fait avec des bourgeons de *l'Hemlock spruce* (*pinus Canadensis*) ou du sapin noir, mais qui peut se faire aussi bien avec les bourgeons et les baies de notre genévrier commun. Ces méthodes sont la hollandaise et la française.

Dans la première, on met deux barriques d'eau sur le feu, dans une chaudière : on y jette autant de sommités de sapin qu'on peut en prendre avec les deux mains ; ces pousses de sapin doivent être coupées menues : il en faut moins de fraîches que lorsqu'elles sont sèches. Quand le mélange a bouilli une heure, on verse de l'eau dans un autre vaisseau, où elle tiédit ; alors on y met de la lie, ou de la levure, et on laisse fermenter. On y ajoute un demi-kilogramme (une livre) de sucre, pour ôter le goût de résine. La liqueur ayant fermenté, on l'entonne et on la met en bouteilles.

Cette boisson se conserve longtemps : elle est bonne et limpide comme la bière ordinaire : elle mousse beaucoup. Son goût, légèrement résineux, n'est pas désagréable ; elle est très diurétique.

Les Français, emploient les feuillages frais, et veulent que les cônes les accompagnent. On a une chaudière que l'on remplit d'eau et de feuillages ; coupés seulement de manière qu'ils puissent entrer dans la chaudière, et que l'eau surnage par-dessus ; on fait bouillir et réduire le tout ; en même temps on grille un peu de froment ou de seigle, ou plutôt d'orge, ou même encore du maïs, comme on torréfie le café : on le jette dans la chaudière ; on y met aussi une couple de petits pains de froment, ou de seigle, coupés par tranches. Ce froment et ce pin donnent à la liqueur une couleur brune jaunâtre, et la rendent plus nourrissante. Lorsque la liqueur est réduite à moitié et qu'on voit l'écorce des branches quitter le bois, on les retire, et on filtre par un linge ou drap, mis sur un tonneau ; on y ajoute, par tonneau, un kilogramme et demi (trois livres ou un pot) de sirop, ou mélasse. La liqueur fermentée ; on enlève l'écume, qui s'élève à la surface. Lorsque la liqueur a cessé de bouillir, on la met en tonneau, ou en bouteilles; on peut en boire vingt-quatre heures après. *Kalm* assure que cette bière a toutes les qualités de la précédente.

Il n'y a rien de si aisé que d'approprier ces méthodes aux rameaux, au feuillage et aux baies de genévrier, qui est commun dans toutes nos montagnes et les terrains arides.

Bière de Gingembre.

Sucre blanc. . . .	3 kilog.	000
Gingembre en poudre.	0	120
Crême de tartre. . .	0	250
Eau bouillante. . .	10 litres.	

Laissez infuser le tout jusqu'à ce que ce soit presque froid, ajoutez-y huit ou dix cuillerées de levure de bière, avec le blanc d'un œuf bien battu en mousse; on laisse le tout fermenter douze à quinze heures; au bout de ce temps, on le passe par un tamis ou un filtre, si cela n'est pas bien clair, et on le met en barils ou en bouteilles; on met à chaque bouteille une goutte d'essence de citron, puis on la bouche.

CHAPITRE II.

Vins de grains.

La bière proprement dite est une sorte de vin de grains qu'on aromatise avec du houblon ou autre substance analogue, mais on peut préparer aussi des vins avec les grains crus, c'est-à-dire des moûts sucrés et fermentés pouvant dans l'occasion former de bonnes boissons économiques qui augmentent les ressources des petits ménages. Pour en donner un exemple nous citerons une recette publiée par un auteur qui s'est beaucoup occupé de ces sortes de boissons.

Vins de grains.

Jolivet dans une brochure publiée en 1790, sous le titre de *Vinification ou fabrication de boissons vineuses et économiques avec diverses substances*, a donné la méthode pour faire avec du grain cru et non germé une boisson qu'il assure être de bonne qualité ; voici comment il en décrit la préparation.

« Vous employez un grain quelconque, mais il faut qu'il soit bien sec afin de pouvoir être parfaitement moulu.

« Un tonneau fraîchement vide de vin est défoncé d'un bout et incliné pour avoir la facilité de clouer à la douve de la bonde et en dedans, à la distance de trois doigts du fond, une grille dont les interstices soient serrés afin que le marc ne passe pas à travers ; un petit panier d'osier remplit cet objet. On fait un trou avec un perçoir à la mesure de la cannelle de bois qu'on se propose d'adapter, et on a soin qu'il corresponde au centre de la grille intérieure. Ce tonneau fait le service d'une cuve.

« On adosse ce tonneau à un mur ou à un corps solide, sur des chantiers ou des pavés à la hauteur de 30 centimètres au moins, pour pouvoir glisser dessous le jable un baquet ou un petit broc, on place la cannelle et on verse dans le tonneau la quantité de farine qu'on veut employer.

« Si c'est en hiver on fait usage d'eau tiède, si c'est en été ou que l'emplacement soit chauffé par un poêle on ne chauffe pas l'eau.

« On emplit d'abord à moitié le tonneau d'eau et avec une pelle ou un rable on brasse les matières pendant un quart d'heure pour les empêcher de se grumeler, ensuite on les abandonne au repos, puis on recommence à brasser si, 24 heures après, la farine n'est pas en dissolution.

» Des bulles d'air, une écume blanche s'élèvent à la surface du marc et annoncent les premiers mouvements de la fermentation. Si après quelques jours celle-ci ne se manifeste pas, il faut recourir à l'eau tiède, surtout s'il fait froid. Un entonnoir à longue douille qui conduit l'eau dans le fond de la cuve distribue mieux la chaleur dans toutes les parties du moût que si on la versait à la surface. A défaut d'entonnoir on fait un ou plusieurs trous dans le marc, et on verse l'eau tiède dans les vides pour exciter la fermentation. On emplit le tonneau à la distance d'environ 15 centimètres du haut de cette cuve, qu'on foule. On fait avec une boudonnière un trou au milieu de la pièce du fond principale, et en versant par ce trou on achève le remplissage de la cuve à 4 ou 5 centimètres du fond, avec de l'eau tiède, et on laisse la fermentation se faire. Si le mouvement était trop tumultueux la liqueur aurait ainsi la faculté de se répandre par le trou du fond, et enfin au bout de quelques jours on bouche le trou d'abord légèrement et ensuite davantage.

« Si l'on opère en été, on emplira d'abord d'eau froide, la cuve aux trois quarts, et l'on brassera vigoureusement les matières à diverses reprises, puis on introduira le lendemain quelques matières fermentescibles, telles que de la levure, de la lie claire de vin, des jus de fruits doux, acides ou sauvages nouvellement cueillis, tels que poires ou pommes que l'on aura écrasées, prunes, nèfles, coings, cerises, groseilles, cassis, feuilles vertes de vigne etc. La fermentation établie, on ferme la cuve et on la remplit, à 5 centimètres près, avec 30 litres d'eau tiède pour pousser la fermentation au plus haut degré. Au bout de quelques heures qu'elle est redevenue calme on soutire la liqueur dans une autre cuve, on attend quelques semaines qu'elle soit éclaircie et que le sédiment se soit précipité.

« On emploie avec avantage l'acide tartrique à cette fabrication des vins de grains : 500 grammes suffisent pour 2 hectolitres de moût.

« A la fermentation calmée succède la séparation des fèces, du son et des parties hétérogènes, mais quand le vin de grains reste trouble et épais on le clarifie. On prend à cet effet 30 grammes de colle de poisson qu'on fait bouillir dans un litre d'eau, qui donne après refroidissement une gelée épaisse. On tire 2 à 3 litres de liqueur dans laquelle on verse cette gelée qu'on y fouette avec un petit balai, et on introduit le tout dans le tonneau ; le vin se clarifie en quelques jours. S'il reste trouble ou épais après 8 jours on le soutire dans l'état où il est, et on recommence cette opération dans le tonneau où il est transvasé, en doublant la dose de colle de poisson et ajoutant une pincée de sel commun en poudre.

« A la campagne, où l'on ne peut pas aisément se procurer de la colle de poisson, on emploie par tonneau une demi-douzaine de blancs d'œufs, bien frais, que l'on fait mousser comme une crème dans de l'eau claire. On verse cette mousse dans le tonneau en l'agitant en tout sens. On emploie une douzaine de blancs d'œufs quand le vin est difficile à clarifier. En soutirant la liqueur et la séparant de sa lie, réitérant l'opération du collage et laissant en repos, après l'avoir brassé dans le tonneau, la masse du vin reste nette, claire et transparente.

« Le sédiment de plusieurs tonneaux de vin de grains étant recueilli dans un seul, on le laisse reposer ; la masse se partage en deux parties, celle qui surnage est liquide, et peut être employée comme ferment, celle du fond, ou le marc, sert d'aliment aux bestiaux.

« Ce vin peut être amélioré dans sa qualité par deux moyens. Le premier moyen pour cela est une addition de huit litres d'eau-de-vie par 2 hectolitres. On incorpore cette eau-de-vie lorsque la liqueur est séparée de sa lie en mélangeant à mesure qu'on transvase. L'autre moyen est celui de la concentration par la gelée. En exposant un tonneau de vin à la gelée quand le thermomètre est au-dessous de 0°, l'eau superflue contenue dans le vin se convertit en glace, tandis que la portion chargée d'alcool ne se congèle pas. C'est la méthode générale, mais elle ne réussit pour le vin de grains que lorsque la gelée est modérée; alors il n'y a que le tiers ou le quart de l'eau superflue qui gèle dans une nuit, mais si le froid est excessif le mieux est, après quelques heures de congélation modérée, de tirer le vin qui se trouve réuni au centre. »

En Belgique, suivant M. Liebig, on fabrique beaucoup de boissons spiritueuses avec du blé, de l'orge ou de l'avoine non germés, jamais toutefois sans y ajouter du malt d'orge ou de seigle. Ces boissons ne constituent pas, à proprement parler, des bières, attendu qu'il n'y entre pas de houblon ; elles sont très douces, fermentent sans levure mais se conservent mal.

CHAPITRE III.

Recettes diverses de boissons et de bières économiques.

Nous ne terminerons pas ce livre sans citer une excellente instruction rédigée et publiée en 1847 par F. Girardin, par ordre de la Société centrale d'agriculture de la Seine-Inférieure, sur les boissons salubres économiques. Ce travail ayant été destiné à recevoir une grande publicité, et les recettes qu'il présente ayant reçu d'heureuses applications, nous l'insérerons ici dans son entier.

« Le haut prix des subsistances, dit M. Girardin, et la disette du cidre compliquent d'une manière très grave, cette année, la position des cultivateurs et des ouvriers des villes. Dans quelques mois, les travaux de la fauchaison et de la moisson, en ramenant dans les campagnes un plus grand nombre de bras, vont encore augmenter les charges des fermiers, qui seront fort embarrassés pour fournir à leurs domestiques et aux ouvriers auxiliaires la boisson journalière et désaltérante qu'on a coutume de leur prodiguer.

» Il est donc utile de faire connaître les moyens de suppléer au cidre, dont la rareté commence à se faire sentir presque partout, en raison de la très mauvaise récolte en pommes de l'année dernière. Nous croyons remplir un devoir en vulgarisant l'emploi de boissons salubres et économiques, qui, plus propres que l'eau pure à la bonne élaboration des aliments grossiers, rafraîchissent et désaltèrent sans débiliter, ont tous les avantages de la bière et du cidre, sans en avoir le prix élevé.

» Les pommes et les poires, qu'on le sache bien, ne sont pas les seuls fruits avec lesquels on peut obtenir des boissons fermentées, salubres et agréables. Tous les fruits mucilagineux, tous les fruits charnus à noyau, à l'exception de ceux qui donnent de l'huile, toutes les graines des céréales qui contiennent à la fois du sucre, de la fécule et du gluten, sont susceptibles de subir la fermentation vineuse ou alcoolique.

» Or, dans les campagnes, on peut utiliser presque tous les fruits qui sont généralement perdus.

» Les *Cerises*, les *Groseilles*, les *Prunes*, les *Merises* qu'on écrase et qu'on fait fermenter dans des tonneaux, à la manière du moût de pommes et de raisins, fournissent une boisson très spiritueuse et fort agréable.

Lorsque les fruits sont moins succulents, et qu'ils contiennent néanmoins du sucre et du mucilage, il faut les broyer avec de l'eau pour délayer ou dissoudre les principes fermentescibles. Nous citerons, comme pouvant être *brassés*, les fruits ou baies du *sorbier*, du *cormier*, du *cornouiller*, de la *ronce sauvage*, du *mûrier*, du *troene*, de l'*azérolier*, de l'*aubépine*, du *genévrier*, du *néflier*, de l'*arbousier*, du *prunelier sauvage*, du *groseiller à maquereau*, de l'*airelle* ou *myrtille*, du *sureau*, de l'*ieble*, du *raisin d'Amérique*, etc. Tous ces fruits, pris à leur point de maturité, mêlés ensemble aux proportions convenables, écrasés, puis mis à fermenter dans des tonneaux avec plus ou moins d'eau, et une petite quantité de sucre de fécule ou *glucose* (4 à 5 kilogrammes par hectolitre), donnent des liqueurs légèrement alcooliques, agréables, toniques et désaltérantes, qu'on peut boire sept ou huit jours après la mise en fermentation. On ne peut les conserver, en bon état, au-delà de cinq à six mois, mais c'est là un inconvénient qui leur est commun avec la petite bière, le cidre des pommes de première saison. Au reste, on pourrait déssécher les fruits cités plus haut, pour en préparer la boisson au fur et à mesure des besoins.

» C'est ainsi qu'on agit avec les pommes et les poires, dans beaucoup de localités, où l'on prépare une *piquette* fort économique avec ces fruits séchés au four. Dans ce cas, on laisse tremper et fermenter, pendant quatre à cinq jours, douze kilogrammes de ces fruits dans un hectolitre d'eau. En ajoutant, avec la fermentation, quatre à huit cent grammes de baies de genièvre, ou un peu de fleurs de sureau, ou des écorces d'oranges amères, on donne à la piquette un goût plus agréable, et on la rend plus saine et plus tonique.

» Il est bon d'indiquer ici, en peu de mots, comment on doit procéder à la dessiccation des fruits destinés à la fabrication de la piquette. Nous prendrons pour exemple les pommes et les poires, comme étant plus difficiles à faire sécher que tous les autres fruits ci-dessus indiqués.

» Les pommes et les poires étant récoltées un peu avant leur maturité complète, on les coupe par tranches ou quartiers, on les arrange sur des claies d'osier qu'on place dans un four qui a servi à cuire le pain; on les y laisse environ une heure, après laquelle on les ôte pour les expose au soleil pendant quelques jours. Alors on les remet au four, et on les expose ainsi alternativement à une chaleur artificielle et au soleil, jusqu'à ce que les tranches aient acquis le degré de dessication convenable. Les fruits, ainsi bien séchés, doivent être gardés dans des tonneaux qu'on a soin de placer dans un grenier bien aéré et sec.

Avec les sucres communs, cassonades brunes, mélasse ou sucre de fécule, on peut fabriquer des boissons légères ou *piquettes*, qui ont le grand avantage de pouvoir être obtenues au moment où le besoin s'en fait sentir, et qui évitent l'embarras de désécher et de conserver des fruits. Voici quelques recettes qui donnent d'assez bons produits.

PREMIÈRE RECETTE.

Eau ordinaire.	1 hectol.
Racine de réglisse.	1 kil. 250 gr.
Crême de tartre.	500 gr.
Eau-de-vie à 19°.	5 litres.
Aromate quelconque, comme fleurs de sureau ou de mélilot, coriandre ou écorces d'oranges.	40 gr.

» On fait une forte décoction de la racine de réglisse dans vingt à vingt-cinq litres d'eau ; pendant ce temps, on fait infuser, dans quatre à cinq litres d'eau bouillante, les fleurs de sureau ou l'aromate choisi ; on dissout la crème de tartre dans une autre quantité de liquide, on passe toutes ces liqueurs à travers un tamis de crin ou un linge, on les introduit dans un tonneau de grandeur convenable avec le restant de l'eau, on ajoute l'eau-de-vie, on brasse fortement et on laisse reposer. La fermentation se manifeste plus ou moins activement en raison de la température du lieu où le baril est placé ; la plus convenable est comprise entre 10 et 15 degrés du thermomètre centigrade. On peut d'ailleurs activer la fermentation et la rendre plus régulière, en jetant, dans le tonneau, cinquante à soixante grammes de levure de bière délayée dans un peu d'eau.

» Lorsque la fermentation est sur le point de s'apaiser, on bondonne hermétiquement le tonneau, et après trois ou quatre jours de repos, on peut user de la boisson. Si on la met en bouteille, on obtient, après huit à dix jours, une liqueur mousseuse fort agréable.

DEUXIÈME RECETTE.

Eau ordinaire.	1 hectol.
Sucre brut.	3 kil. 750 gr.
Crême de tartre.	500 gr.
Eau-de-vie à 19°.	10 litres.
Aromate quelconque.	40 gr.

TROISIÈME RECETTE.

Eau ordinaire.	1 hectol.
Sucre brut.	6 kil. 250 gr.
Vinaigre fort.	2 lit. 50 c.
Eau-de-Vie à 19°.	5 litres.
Aromate quelconque.	40 gr.

QUATRIÈME RECETTE.

Eau ordinaire.	1 hectol.
Bière ordinaire.	5 litres.
Sucre brut.	6 kil. 250 gr.
Vinaigre.	1 lit. 25 c.
Caramel.	150 gr.

CINQUIÈME RECETTE.

Eau ordinaire.	1 hectol.
Sucre brut.	6 kil. 650 gr.
Acide tartrique.	160 gr.
Esprit trois-six.	1 litre.
Fleurs de sureau.	120 gr.

» On opère comme ci-dessus. La cinquième recette est celle qui fournit la boisson le plus agréable; celle-ci est comparables aux poirés légers; après 8 jours de bouteille, elle mousse et pétille à la manière du vin de Champagne. Depuis plus de vingt ans, on en fait usage dans la maison de mon père. Le litre de ces diverses boissons revient à peine à 5 cent.

M. Durand, pharmacien en chef de l'Hôtel-Dieu de Caen,

a proposé, sous le nom de *Bière à froid*, une boisson encore plus économique que les précédentes, puisqu'elle ne revient pas à un centime le litre. En voici la formule et la préparation :

Eau ordinaire.	1 hectol.
Mélasse.	2 kil. 500 gr.
Fleurs de houblon.	100 gr.
Racine de gentiane.	50 gr.
Levure de bière.	50 gr.

On fait infuser le houblon et la gentiane dans 15 à 20 fois leur poids d'eau bouillante; on passe à travers une toile, on délaie la mélasse dans une partie de l'eau et la levure dans une autre ; on verse toutes ces liqueurs dans un tonneau, avec le restant de l'eau ; on brasse bien et on abandonne à la fermentation. Si celle-ci marche bien, la boisson est bonne à boire au bout de cinq à six jours. Elle offre alors les propriétés suivantes :

Elle est d'une transparence parfaite ; sa couleur et son odeur rappellent celles du petit cidre de bonne qualité; elle a une saveur légèrement amère, sans astringence, sans fadeur, sans arrière-goût ; elle est à la fois légère et cordiale à l'estomac. Potable après quelques jours seulement de préparation, elle présente encore l'avantage d'être chargée d'acide carbonique, ce qui lui donne une saveur piquante fort agréable, et des propriétés digestives plus prononcées.

» Mise en bouteilles au bout de 4 à 5 jours de préparation, elle devient mousseuse comme le vin de Champagne. En y ajoutant un peu de caramel, une infusion de coriandre ou de fleur de sureau, on la rend plus agréable au goût de quelques personnes.

» On peut remplacer la mélasse par le sucre de fécule. Mais lorsque ces deux matières sucrantes ont un prix exagéré, comme en ce moment, on peut se servir avec avantage de la formule suivante :

Eau ordinaire.	1 hectol.
Miel ordinaire.	800 gr.
Cassonade commune.	800 gr.
Fleurs de houblon.	300 gr.
Levure de bière.	50 gr.

» Le litre, dans ce cas, revient à deux centimes.

» La *bière à froid* de M. Durand est en usage, dans la maison centrale de Beaulieu, et a été mise à l'essai dans les régiments de l'armée, sur la proposition du Conseil supérieur de santé. Les expériences faites officiellement ont eu les résultats les plus satisfaisants et obtenu l'approbation unanime des commissions. Le docteur Lebidois, médecin de la maison centrale de Beaulieu, termine ainsi qu'il suit l'un de ses derniers rapports : La boisson proposée par M. Durand a résolu complètement le problème difficile et important que j'avais posé, c'est-à-dire que, d'un prix de revient à peu près nul, agréable au goût, tonique, apéritive, éminemment désaltérante et légère, cette boisson permet aux détenus d'utiliser mieux les aliments, de travailler par conséquent davantage, et d'éloigner les chances de maladie.. »

» M. Gillot, pharmacien à Évreux, a publié aussi deux formules de boissons économiques, peu différentes des précédentes ; on conçoit qu'on peut les modifier suivant le goût et les conditions dans lesquelles on est placé. Voici les recettes de M. Gillot :

BOISSON SE RAPPROCHANT DU CIDRE.

Eau.	1 hectol.
Pommes sèches.	3 k. 125 gr.
Esprit 3/6.	0 104 gr.
Semences de fenouil.	25 gr.
— de coriandre.	25 gr.
Fleurs de houblon.	169 gr.

BOISSON AYANT BEAUCOUP D'ANALOGIE AVEC LA BIÈRE.

Eau.	1 hectol.
Mélasse.	3 k. 125 gr.
Cassonade brune.	417 gr.
Coriandre concassée.	25 gr.
Levure de bière.	104 gr.

» La quantité de levure de bière indiquée pour la seconde boisson est du double trop forte. Pour la première, on agit complètement à froid, en mettant toutes les substances dans le tonneau avec l'eau, après avoir seulement concassé les pommes et les semences. Après 8 à 10 jours, on peut tirer au tonneau.

» Comme on le voit, par tout ce qui précède, il y a possibilité, pour l'ouvrier, même le plus pauvre, de préparer, pour les besoins journaliers, des boissons toniques, désaltérantes, agréables, bien supérieures à l'eau, à l'eau vinaigrée, à l'eau additionnée d'eau-de-vie, qu'on emploie le plus habituellement pour suppléer au manque ou à la cherté du vin, du cidre, de la bière. Les boissons acides, les boissons alcoolisées et non fermentées, les boissons dans lesquelles domine le sucre ou le mucilage ne valent rien pour la santé, et contrarient les fonctions digestives au lieu de les favoriser. Il n'y a que les boissons fermentées qui soient réellement salubres, mais il faut que la fermentation spiritueuse au moyen de laquelle on les obtient, soit complète, et qu'il ne reste dans les liqueurs ni excès de sucre ni excédant de levure. Or, dans ce dernier cas, elles agissent à la manière du *cidre doux*, qui, comme on le sait, est de difficile digestion et légèrement purgatif. Or, il est toujours possible d'obtenir une fermentation bonne et régulière, en ne mettant pas un excès de levure, et en plaçant les tonneaux dans des celliers, caves ou hangars, où la température puisse être maintenue dans des limites de 10 à 15 degrés centigrades.

» Nous espérons que cette courte instruction portera ses fruits, et que, long-temps avant les grands travaux de la moisson, nos fermiers aviseront à fournir à leurs ouvriers une des boissons salubres et économiques dont nous avons indiqué la facile préparation. Dans les grands établissements industriels, pourquoi les chefs prévoyants, et jaloux de la santé de leurs ouvriers, ne feraient-ils pas fabriquer sous leurs yeux de ces mêmes boissons, qu'ils livreraient, au prix coûtant, à ces hommes imprévoyants et pauvres, qui n'ont que de mauvais aliments, que des boissons malsaines, et qui, pour suppléer à leur insuffisant régime, cherchent dans l'eau-de-vie un soutien, hélas! dangereux et trompeur, qui ajoute à leur misère en dépravant leur moral et en minant leur constitution? Ce serait faire, à peu de frais, un acte de philantropie et de moralité. »

LIVRE CINQUIÈME.

Des hydromels.

On donne ce nom à une préparation de miel et d'eau qui a servi anciennement de boisson aux Gaulois, et qui acquiert un goût vineux par la fermentation.

Olivier de Serres dans son théâtre d'Agriculture, troisième livre, chap. XV, a donné ainsi qu'il suit la recette de cette boisson :

« L'hydromel est une composition de miel et d'eau, dont le breuvage est bon et profitable. L'on s'en sert en plusieurs endroits, mesme vers les Ardennes, et par tout généralement, ou défaillans les vignes, l'on est accomodé de miel. Une partie de bon miel sur douze d'eau de pluie, sont ensemble mises bouillir dans de grandes chaudières, jusqu'à la consomption de moitié, en escumant cela cependant et tant curieusement qu'aucune ordure n'y reste. Après, ceste liqueur est envaisselée en communs tonneaux de bois bien nets, lesquels bien fermés sans respirer l'on tient au soleil six semaines continuelles, afin d'y bouillir durant ce temps-là ; passé lequel demeure l'hydromel en sa parfaiste bonté, en laquelle se maintient-il longuement, estant logé dans les caves, comme l'on faist pour les vins. Défaillans le soleil on tient les tonneaux près du feu, pour un couple de mois ; non avec tant d'effest qu'au soleil ; pour laquelle cause le cueur de l'esté sur toutes les saisons de l'année est choisi pour faire l'hydromel. Car estant lors le soleil en sa plus grande force, plus vigoureusement et mieux prépare ceste boisson, qu'aucune chaleur artificielle.

« C'est le plus commun hydromel : mais pour en faire du meilleur, convient augmenter la quantité de miel, d'un quart, d'un tiers, d'une moitié, selon qu'on le désirera. Et passant plus outre, on le rendra excellent, si on l'aromatise avec de la cannelle, girofle, muscades, poivre, gingembre et autres épiceries. Aussi y donne bonne odeur la fleur de sureau : ayant l'hydromel cela de commun avec le moust, que de retenir de ceste fleur la senteur musquate, s'en servant avec des sachets comme j'ai touché ailleurs. »

Le procédé indiqué par Olivier de Serres, n'est certainement pas le meilleur auquel on puisse avoir recours pour faire de bon hydromel vineux, et lui-même en a prescrit dans le livre 8e, chap. 1er, une autre recette que voici :

« Estant l'hydromel faist de huist pintes d'eau, et une de bon miel, bouilli à consomption de la moitié, y adjoustant à la fin une once d'eau-de-vie, se rendra excellent, et de longue garde, sans se corrompre, l'espace de dix à douze ans. »

Mais suivant Deyeux, de tous les procédés celui qu'on va citer mérite à tous égards la préférence.

Il faut choisir le miel le plus blanc, le plus pur et le plus agréable au goût, le mettre dans une chaudière, avec un peu plus que son poids d'eau, le bien faire dissoudre dans cette eau, dont on fera évaporer une partie par une ébullition légère, en enlevant seulement les premières écumes. On reconnaît qu'il y a assez d'eau évaporée, lorsqu'un œuf frais, qu'on met dans la liqueur ne s'y submerge pas, et se soutient à la surface, en s'y enfonçant à peu près à moitié de son épaisseur ; alors on passe la liqueur à travers un tamis et on l'entonne tout de suite dans un baril qui doit être presque plein. Il faut placer ce baril dans un endroit où la chaleur soit le plus également possible, soutenue de 20 à 28 degrés du thermomètre de Réaumur, en observant que le trou de la bonde ne soit que légèrement couvert et non bouché. Les phénomènes de la fermentation vineuse paraîtront dans cette liqueur et subsisteront pendant deux ou trois mois, et même plus suivant la chaleur ; après quoi ils diminueront et cesseront d'eux mêmes.

Il faut observer pendant cette fermentation de remplir de temps en temps le tonneau avec une liqueur semblable de miel dont on aura conservé, pour cela, une partie à part, afin de remplacer la portion de liqueur que la fermentation fait sortir sous forme d'écume.

Lorsque les phénomènes de la fermentation cessent et que la liqueur est devenue bien vineuse, on transporte le tonneau à la cave, et on le bondonne exactement ; un an après on met l'hydromel en bouteilles.

Lorsque l'hydromel vineux est bien fait, c'est une espèce de vin de liqueur assez agréable. Il conserve néanmoins, pendant fort longtemps, une saveur de miel qui ne plaît pas à tout le monde, mais qu'il perd à la longue, et qu'on peut faire en quelque sorte disparaître, en ajoutant, pendant que la liqueur est encore en fermentation dans le tonneau, de la fleur de sureau dans un nouet ou quelques autres aromates.

Masson-Four a donné, dans la *Maison rustique du 19e siècle*, la recette suivante :

« Prenez la quantité de miel dont vous pourrez disposer; faites fondre dans 4 ou 5 parties d'eau en volume; écumez et clarifiez avec un blanc d'œuf, pour chaque kilog.; jetez dans le sirop bouillant, avant la clarification, 125 gram. (4 onces) par kilog. de miel, de noir animal; écumez. Ajoutez ensuite 125 grammes de fleurs de sureau pour 2 hectolitres de moût, ramené à la densité de 4 degrés : vous pouvez substituer à la fleur de sureau, tel autre arôme que vous aurez à votre disposition, la semence de coriandre, les amandes amères, celles de noyaux de cerises, abricots; etc., les sommités fleuries d'orvale, ou toute bonne, les graines d'angélique, de fenouil, de cumin et même de genièvre.

« Le sirop, amené au poids indiqué, refroidi à 15 à 18° degrés centigrades, est mis en fermentation avec de la levure, ou du levain de boulanger non acide.

« Si l'on veut un hydromel plus rapproché du vin, on ajoute de la crême de tartre (500 gram. par hectolitre), ou des fruits acides, âpres ou acerbes.

« Lorsque la fermentation tumultueuse est terminée, on soutire; on additionne de l'alcool si on le juge convenable; quinze jours ou un mois après on colle aux blancs d'œufs, et l'on soutire en bouteilles ou en cruchons de terre qu'on laisse droits si la saison est chaude, afin d'éviter la casse, parce que ces espèces de liqueurs sont très sujettes à recommencer leur travail à diverses époques de l'année.

« Cette formule suffit pour diriger la fabrication de toute espèce de boisson analogue avec la mélasse, le sirop de sucre brut, le sirop de fécule et de dextrine. »

On trouve encore dans les auteurs quelques détails sur

la fabrication de l'hydromel vineux que nous ajoutons ici :

Miel blanc. . . . . . 5 kilog. (10 livres).
Eau à 50° cent. . . 25 kilog. (50 livres).
Ferment de bière ramolli. 153 gram. (5 onces).

On délaie dans un tonneau le ferment avec l'eau, et l'on y ajoute le miel ; on place le tonneau dans un lieu dont la température soit de 15 à 20 deg. R, afin que la fermentation s'établisse bien.

On reconnaît bientôt, à une quantité considérable d'écume qui s'en échappe, que la fermentation est établie ; il faut avoir soin de renverser à mesure, dans le tonneau, du nouvel hydromel, ou, si l'on en manque, un peu de bon vin blanc jeune ou un mélange d'eau et de miel ; enfin, remplir le tonneau pour la dernière fois, et le boucher avec soin, quand l'écume cesse de monter. La fermentation continue néanmoins sourdement pendant deux ou trois mois ; il faut retirer alors la liqueur de dessus sa lie, la coller, la soutirer une seconde fois, et la garder le plus longtemps possible avant de la mettre en bouteilles, afin de lui faire perdre un goût de miel qu'elle conserve pendant longtemps. Il faudrait opérer le soutirage plus tôt, si l'on était obligé de transporter le tonneau ailleurs.

Presque tous les auteurs prescrivent de faire bouillir et de clarifier le miel ; mais il est reconnu que la fermentation qui, par le procédé ci-dessus, s'établit en quelques heures, demande plusieurs jours dans le second cas, parce que la coction paraît détruire le ferment tant dans le miel que dans toutes les substances végétales. Je pense donc qu'il est plus avantageux de délayer le miel dans l'eau un peu plus que tiède, sans le faire cuire ; la liqueur en est d'ailleurs tout aussi bonne. On peut la rendre beaucoup plus agréable, en ajoutant à la solution mielleuse un peu d'angélique fraîche, de genièvre, de coriandre, de suc de framboise ou d'orange, ou tel autre parfum.

Le bon hydromel, vieux et bien fait, ressemble beaucoup aux meilleurs vins d'Espagne. Son usage, très-répandu encore aujourd'hui chez les peuples du Nord, est fort ancien, et l'on sait que les belliqueux Scandinaves, leurs ancêtres, étaient tellement passionnés pour cette liqueur, qu'ils ne connaissaient d'autre bonheur dans la vie future que celui de boire l'hydromel à la table d'Odin, présenté par les Valkyries dans les crânes de leurs ennemis. Les Russes et les Polonais le regardent encore comme une excellente boisson; ils en retirent une eau-de-vie qu'ils aromatisent.

Enfin voici un procédé plus expéditif: Dissolvez du miel dans de l'eau, à raison de deux livres par litre, mêlez-y du charbon animal et filtrez la liqueur pour la purifier, puis ajoutez un quart de l'eau employée, d'eau-de-vie où vous aurez mis infuser, quelques jours d'avance, des fleurs de sureau et de l'iris de Florence, avec quelques amandes amères; mettez le mélange quinze jours au soleil, filtrez-le, il sera prêt à être mis en bouteilles.

Hydromel vineux composé.

Cet hydromel n'est que le précédent, mêlé à des sucs de fruits et aromatisé, afin de lui donner diverses saveurs. C'est avec ces hydromels que quelques fabricants de vins imitent ceux de *Constance*, de *Malaga*, de *Malvoisie*, etc.

LIVRE SIXIÈME.

CHAPITRE PREMIER.

De l'imitation des vins et liqueurs.

On donne le nom de vins de liqueurs à des vins dans lesquels une partie de la matière sucrée n'a pas été décomposée par la fermentation.

On se figure, en général, que les vins de liqueurs imités sont mauvais à l'estomac : mais c'est un préjugé que rien ne justifie. Bien plus, nous regardons comme certain, que ces espèces de vins seront souvent supportés par des estomacs faibles qui ne supporteraient pas certains vins naturels. La raison en est que les vins artificiels faits avec discernement ne renferment absolument que ce qui est nécessaire pour les rendre liquoreux, spiritueux et aromatisés précisément tels qu'on le désire, et que les matières qui contribuent à ces différentes qualités ont été purifiées chacune en particulier. Il en résulte que le vin ne renferme aucune matière extractive inutile qui établisse dans l'estomac une fermentation dangereuse.

Nous avons déjà fait pressentir que les vins de liqueurs doivent jouir de trois qualités principales : être liquoreux, spiritueux et avoir du bouquet. C'est par la plus ou moins grande prépondérance de ces trois qualités et par la diversité de la dernière, que les vins de liqueurs diffèrent entr'eux. On leur donnera les deux premières, au moyen du sucre et de l'alcool, et la troisième, au moyen de diverses substances aromatiques, en dissolvant, en outre, dans l'eau qu'on emploie, un centième de son poids de tartrate de potasse.

Ce sel existe dans tous les vins, et sa présence y paraît nécessaire pour lui donner de la saveur et contribuer à sa conservation. Si on observe que l'alcool est absolument identique, quelles que soient les matières fermentescibles qui l'ont produit, et qu'il en est à peu près de même du sucre, on sera convaincu que nous sommes les maîtres de varier dans nos vins les deux premières qualités, et les rendre à volonté plus ou moins liquoreux, plus ou moins spiritueux.

Relativement à leur pesanteur spécifique, les vins de liqueurs sont précisément le contraire des vins ordinaires dont la bonne qualité se juge par sa légèreté spécifique, tandis que les vins de liqueurs marquent 4 ou 5 degrés au-dessus de zéro à l'œnomètre ; on en rencontre même qui vont jusqu'à 7.

Les vins liquoreux résultent généralement de moût d'une pesanteur spécifique de 18 à 20 degrés. Vous pouvez vous en procurer de la même pesanteur, en dissolvant en quantité convenable de sucre dans de l'eau où vous aurez mis préalablement un demi-centième de tartrate de potasse, et vous vous serez ainsi procuré en un instant un moût semblable à celui que l'on n'obtient ordinairement qu'en un an.

Examinons maintenant ce que devient ce moût dans la fermentation. La matière sucrée se décompose et forme de l'alcool ; mais, tandis que dans les vins ordinaires toute la matière sucrée se convertira en alcool, dans ceux de liqueur, il y en aura un quart seulement, de sorte qu'il se formera environ un litre d'eau-de-vie sur quatre litres de la liqueur, et les trois autres quarts resteront matière sucrée, d'où il résulte qu'en ajoutant un quart d'eau-de-vie à la liqueur, on évitera l'embarras de la fermentation.

Ensuite ayant goûté votre vin, si vous ne lui trouvez pas assez de liquoreux ou de spiritueux, vous pourrez, à volonté, augmenter l'une ou l'autre de ces deux qualités, en ajoutant de l'eau-de-vie ou du sucre; la première pour le rendre plus spiritueux, et l'autre, pour le rendre plus liquoreux; et il ne reste plus qu'à leur donner l'arôme. L'arôme des vins de liqueurs n'est pas aussi prononcé que dans les vins ordinaires; cependant on peut apercevoir dans la plupart d'entr'eux le bouquet du muscat; mais il est souvent masqué par l'acide contenu dans le vin, et peut être rendu fort sensible en le désacidifiant. On peut donner aux vins l'arôme du muscat, par le moyen de fleurs de sureau, en faisant séjourner parmi elles, pendant quelque temps, le sucre que l'on emploie, ou en mettant les fleurs elles-mêmes dans la liqueur. On peut aussi employer des fleurs d'hièble ou de toute-bonne, ou encore mêler ces divers arômes dans diverses proportions, et produire par là des vins de différens goûts.

Pour bien confectionner soit les vins de liqueurs, soit les liqueurs, il est convenable de savoir préparer et employer les diverses matières aromatiques. Le chapitre 5 contient un aperçu sommaire des principales.

CHAPITRE II.

Des arômes.

La cannelle, le girofle, le macis et la vanille se préparent en les réduisant en poudre et en les mêlant, par portions égales, avec du sucre également en poudre. Ce mélange doit être conservé hermétiquement fermé.

L'iris de Florence se réduit en poudre, mais ne se mêle pas avec du sucre, comme les précédens.

Parmi les fleurs de sureau, ce sont celles du sureau à feuilles de persil qui sont le plus convenables pour imiter le muscat : on les mélange avec du sucre pilé après qu'elles sont séchées. Quelquefois on les emploie fraîches, mais il faut toujours en séparer les pétioles et les pédoncules.

Pour le parfum des roses et des fleurs d'orange on peut l'obtenir soit en les distillant avec de l'eau, et on obtient ce qu'on appelle de l'eau de rose ou de fleur d'oranger ; soit en les distillant avec de l'eau-de-vie, et on obtient ce qu'on nomme de l'esprit de ces fleurs, ou encore on mêle ces fleurs, de même que les fleurs de sureau, avec du sucre en poudre, et on pourra faciliter le passage de l'arôme dans le sucre, en exposant le mélange à une température de 50 à 60 degrés, et le remuant fréquemment.

Quant aux framboises, on les fait infuser dans de l'eau-de-vie et on distille l'infusion pour la décolorer, on obtient l'esprit de framboises.

Les amandes amères, la mérise, les noyaux d'abricots et de pêches se distillent avec l'eau-de-vie et donnent les esprits de ces fruits.

On obtient également l'esprit de citron, d'orange, de bergamote, en distillant leurs zestes avec de l'eau-de-vie, ou, plus simplement, en mêlant du sucre avec les huiles essentielles de ces fruits.

L'ambre doit entrer dans les arômes, mais sans y dominer : c'est une odeur fort désagréable lorsqu'elle est concentrée, mais qui peut faire d'excellens arômes lorsqu'elle est étendue.

Les arômes s'emploient seuls ou mélangés. Si on veut une liqueur d'un goût déterminé, par exemple, de cannelle ou de girofle, ou autres, on emploie ces matières de manière que leur arôme soit dominant ; car il faut observer qu'on doit toujours ajouter quelque peu d'un autre arôme pour donner un arrière-goût : une goutte d'huile essentielle ou un gramme d'esprit de citron, employé à cet effet, peut suffire à plusieurs litres ; mais il faut bien prendre garde de donner un arôme outre mesure.

CHAPITRE III.

Formules de quelques vins de liqueur d'imitation.

Notre intention n'est pas, dans ce chapitre, d'encourager la fraude, qui donne pour des vins naturels, des compositions et des mélanges qui n'en ont jamais le mérite ou les agréments, mais d'indiquer quelques recettes, qu'on doit surtout à Julia Fontenelle, qui avait été témoin des travaux de cette fabrication qui se font à Cette dans l'Hérault, sur une grande échelle.

A Cette, dans la fabrication des vins les plus estimés, il n'entre aucun sel métallique ni aucune plante vénéneuse ; ils sont constamment le résultat du mélange de différents vins en proportions diverses, avec addition, suivant l'exigence du cas, d'alcool ou de matière sucrée, et d'*un bouquet* pris parmi les végétaux aromatiques. L'habileté du fabricant consiste à trouver les quantités relatives et nécessaires à chaque espèce de vin. En général, chacun d'eux tient en réserve des échantillons de vins naturels pour servir de point de comparaison pour le goût, la couleur et le bouquet. Chaque maison a par devers elle des procédés de prédilection ; mais il est un point unanime, c'est que le *Calabre* fait la base d'un grand nombre de vins.

DU CALABRE,

Servant à la fabrication des vins.

On distingue deux espèces de Calabre : le Calabre fait à froid et le Calabre fait à chaud. Ce dernier est indispensable pour faire le *vin de Malaga*. L'autre, plus franc de goût, sert à rendre les vins plus liquoreux.

Calabre fait à froid.

Pour le préparer, on prend 27 veltes (150 litres) de moût de raisin très-doux et très-mûr, sortant du fouloir, et l'on y mêle de suite 3 veltes d'alcool à 32 degrés. On laisse reposer, et l'on tire au clair.

Calabre fait à chaud.

On fait bouillir du bon moût de raisin, dans une chaudière, jusqu'à ce qu'il soit réduit aux trois-quarts de son volume; on enlève les écumes, et quand il est froid, on y ajoute un huitième d'alcool.

A ces préparations on doit joindre les *vins mutés*, l'alcool, l'*esprit de goudron*, obtenu par la distillation de l'alcool sur le quart de son poids de goudron, les infusions alcooliques d'*iris de Florence*, de *noix verte*, de *coques d'amandes torréfiées* et de *calament* (melissa calaminthe, Lin . (1).

Voilà les matériaux le plus fréquemment employés à la fabrication des vins de Cette. Voici maintenant quelques-uns des procédés suivis dans la plupart des fabriques.

Vin de Malaga.

Calabre fait à chaud . . .	30 veltes.
Infuse alcoolique de noix verte.	2 litres.
Esprit de goudron.	92 gram. (3 onces.)

Vin de Madère.

On prend du vin de Piquepouil gris fait en blanc et sec, et l'on y ajoute par barrique ordinaire 125 gram. (4 onces) d'infusion alcoolique de coques d'amandes torréfiées, 62 gr. (2 onces) d'esprit de goudron et 2 litres d'infuse de noix.

Vin de Saint-Georges.

Bon vin rouge monté en couleur. \
Vin de Piquepouil. . . . . } parties égales

Mêlez et ajoutez par barrique un demi-verre d'esprit de framboises, de calament et d'iris de Florence.

Vin de Frontignan.

Vin rouge nouveau. . . \
— blanc id. . . . } de chaque 50 litres.
Alcool à 22 degrés. . . . . 5 litres.

---

(1) L'infusé alcoolique de noix et le caramel mêlés en proportions convenables donnent aux vins rouges clarifiés par la gélatine une apparence de vétusté.

Vin de Bordeaux.

Vin de Bourgogne, bonne qualité. . 1 barrique.
Suc de framboises. . . . . . 1 velte.

Au bout de quelques jours on filtre et l'on met en bouteilles.

Vin muscat.

Vin blanc de Chablis. . 50 litres.
Raisin muscat sec. . . 12 kil. 500 gram. (25 liv.)
Fleur de sureau dans un nouet. 500 gram. (1 liv.)

Après 2 ou 3 mois de macération, passez avec expression et collez.

Vin cuit.

On fait bouillir du bon moût à petit feu, et l'on enlève les écumes au fur et à mesure qu'elles se forment; quand la liqueur est réduite à moitié, on la passe à travers une chausse, et quand elle est refroidie, on y ajoute le quart de son poids d'alcool à 19 degrés; en vieillissant, ce vin devient très-délicat. Sans addition d'eau-de-vie, le vin cuit sert à améliorer les vins faibles, et à la composition des vins liquoreux.

Voici quelques autres recettes publiées par différents auteurs.

Vin de Madère.

On prend du cidre très-nouveau et on le sature de miel, au point qu'un œuf y surnage sans enfoncer; on fait bouillir la liqueur dans une bassine étamée, on écume et l'on passe à la chausse, on verse alors dans un baril où on le conserve 5 à 6 mois avant de le mettre en bouteilles.

Vin de Malaga.

Vin de Champagne. . 18 litres (20 bouteilles.)
On y fait macérer pendant 2 ou 3 mois :
Raisin de Damas . 2 kil. 500 gram. (5 livres.)
Fleur de pêcher. . » 92 gram. (3 onces.)

L'on passe avec expression, et après un mois de repos, on colle ce vin et on le met en bouteilles.

Vin grec.

On cueille les raisins dans un état de maturité parfaite, on les laisse exposés au soleil pendant 8 à 10 jours; on en extrait ensuite le moût qu'on fait chauffer dans une bassine ; arrivé au point d'ébullition, on y jette pour chaque cinq bouteilles 31 gram. (1 once) de chlorure de sodium (sel marin) en poudre ; on laisse refroidir, et 8 jours après l'on soutire le vin et on le met en bouteilles.

Vin de Champagne anglais factice.

On cueille les groseilles avant leur maturité ; on les écrase, on mêle le suc avec parties égales d'eau, et on le laisse reposer deux jours. On ajoute alors 1 kil. 750 gram. (3 liv. et demie) de sucre pour huit litres ; on laisse reposer encore pendant un jour, et on verse 8 décilitres (1 bouteille) d'eau-de-vie dans le vase qui doit rester exposé à l'air pendant cinq à six semaines ; le mélange est ensuite versé dans un tonneau où il séjourne pendant un an avant d'être mis en bouteilles.

Vin mousseux de Champagne, Condrieux, Limoux.

On prend du bon vin de Chablis, que l'on sature d'acide carbonique au moyen d'une forte pression, comme on le pratique pour les eaux de Seltz factices. On y ajoute 8 grammes (2 gros) de sucre candi en poudre par bouteille.

Pour les vins de Condrieux, de Limoux, de Bages, de Nissan, etc., on met 16 grammes (1/2 once) de ce sucre et on le sature moins d'acide carbonique que le vin de Champagne.

Vin de Champagne artificiel.

On trouve dans un recueil de formules, publié récemment, la formule suivante pour la fabrication d'un vin de Champagne artificiel.

On prend 6 kilogrammes de sucre blanc que l'on fait dissoudre dans 17 pintes (16 litres) d'eau, exempte de sulfate de chaux ; on ajoute 500 grammes de bon Cognac et les écorces de deux ou trois citrons ; enfin on y délaye environ

125 grammes de levure supérieure, et on introduit le liquide dans un tonneau, que l'on ferme avec un linge mouillé.

Il est bon de communiquer au liquide une température de 25° à l'aide d'un peu d'eau bouillante.

La fermentation ne tarde pas à s'établir; on la maintient pendant 36 heures, puis on place le tonneau dans une cave fraîche, et l'on ferme la bonde. Au bout de 12 heures, on y verse une dissolution faite avec 15 grammes de colle de poisson, et on agite le liquide avec une baguette de bois.

Au bout de huit jours, le liquide s'étant clarifié, on le met en bouteilles, que l'on abandonne ensuite pendant quelques semaines à l'abri de toute agitation.

Le produit que l'on obtient ainsi, équivaut au Champagne de deuxième classe, tel que celui d'Avise, le Ménil, Cramont, Oyer et Épernay.

On peut modifier la formule indiquée, en substituant à une certaine quantité d'eau une quantité correspondante de jus de groseille; on peut aussi se servir de Sauterne, et dans ce cas le Cognac devient superflu.

Vins de Porto.

Les fabricants de vins de Porto recherchent beaucoup les vins corsés, forts en couleur et spiritueux; ainsi les propriétaires font leur possible pour les fabriquer de cette manière; mais n'ayant pas tous le bonheur de posséder des crûs qui produisent de tels vins, voici comme on peut les obtenir avec d'autres raisins.

Aux vendanges on choisit les raisins rouges de la meilleure qualité, les plus mûrs, et pas un blanc; on les fait couler dans un fouloir en ajoutant après du sucre (cassonade).

D'un autre côté on cueille du raisin *Souzac* et *Touriga* (un bon panier pour chaque pipe de liquide des premiers raisins) bien mûr, on le foule d'abord légèrement et on sépare la râfle; on jette le liquide et les pellicules dans des grands baquets où deux hommes foulent tout très-bien avec les pieds, et l'on ajoute 30 kilogrammes (60 liv.) de cassonade pour 2 pipes 1050 litres environ.

Lorsque le premier vin est fait on le décuve, et on mêle les deux ensemble; mais du dernier on emploie ou on jette aussi dans les tonneaux les pellicules, lesquelles s'élevant au-dessus du liquide contenu dans les tonneaux, forment une espèce de chapeau qui préserve le liquide de l'accès de l'air, s'oppose à la perte de l'esprit, et favorise la solution de la matière colorante.

Au mois de décembre, on ajoute peu à peu de l'alcool à 29° Cartier, jusqu'à 25 litres pour pipe, en différents jours; et quand on connaît que l'esprit se combine avec le vin au mois de mai, le plus tard, on soutire le vin.

On obtient ainsi du vin corsé, foncé, de bon goût, avec un agréable bouquet qui se conserve longtemps.

N. B. Nous ne pouvons pas dire quelles espèces de raisin peuvent remplacer le *Souzac* et *Touriga*, mais on pourra prendre le Grenache (Pyrénées Orientales), le pineau de Bourgogne, le noirin gros, et, en tout cas, le teinturier, dans le Gard : il y a des espèces noires qui pourraient s'employer.

Du vin muscat. Le raisin muscat n'est guère cultivé que dans le Haut-Douro, mais quelques propriétaires font du vin muscat, plus pour leur ménage que pour leur commerce: la meilleure manière de le faire consiste à choisir le muscat cultivé dans les terrains les plus convenables, et bien mûr; on ôte la plupart des feuilles et on laisse ainsi les ceps pour quelques jours exposés à la force du soleil; le raisin se fane, alors on le cueille, on le foule légèrement, on ôte la râfle, et on jette le liquide et ses pellicules dans une cuve où on laisse fermenter très-peu pour conserver son bouquet; on met tout dans des pièces en ajoutant un peu de vin blanc (nouvellement fait) de *Gouais*, *Mahasia* et *Agendenses*.

N. B. On pourra remplacer ce vin par la blanquette et autres raisins de bonne qualité.

Lorsque ce vin se fait clair, on ajoute de l'esprit-de-vin à 29° Cartier, 25 litres pour pipe, ou 525 litres environ, pas tout d'un coup, mais à différentes reprises.

Au printemps on soutire.

Vin de liqueur. (*Geropiga*).

On cueille le raisin blanc de bonne qualité, c'est-à-dire sucré et bien mûr; on l'expose au soleil pendant quelques jours, on le foule, et sans commencer la fermentation on entonne le moût dans des pièces en ajoutant tout de suite et tout d'un coup un tiers d'esprit-de-vin de 29° Cartier, et très-peu de cannelle en poudre fine ; et enfin on bondonne très-bien les pièces. Au bout d'un mois on soutire.

Vin de Lunel.

Pour imiter le vin de Lunel, mêler 1° un litre de vin blanc, ou bien un litre d'eau, contenant 1/10 d'alcool, et 5 grammes de tartre blanc.

2° 30 grammes de sirop de capillaire.

3° 15 grammes d'eau distillée de fleurs de sureau, ou bien un petit verre d'eau-de-vie, dans lequel on aura fait infuser un volume égal de fleurs de sureau débarrassées de leurs pédoncules.

Vin de Malaga.

Pour imiter le Malaga mêlez 1° un litre de vin blanc avec 1/20 d'alcool ou bien un litre contenant 15/100 de litre d'alcool et 5 grammes de tartre blanc, 2° 60 grammes de cassonnade brune, 3° une très petite cuillerée à café d'eau de goudron.

Vin de Porto.

Pour imiter le vin de Porto mêlez 1° trois litres de vin rouge, ou bien un litre d'eau contenant 12/100 d'alcool et 10 grammes de tartre rouge, 2° un litre de ratafiat des quatre fruits.

Après le mélange et le repos tirez au clair.

Vin de Chypre.

On met ensemble 10 livres de baies de sureau par 80 litres d'eau. Ces baies sont ensuite pressées doucement pour en extraire tout le suc, et chaque litre reçoit 95 grammes (3 onces) de sucre ; dans le tout on met 31 grammes (1 once) de gingembre et autant de girofle : on fait bouillir pendant une heure. On écume et on verse dans un vase dans lequel on met 750 gram. (1 liv. 1/2) de raisin sec écrasé, qu'on y laisse séjourner jusqu'à ce que le vin ait une belle couleur.

Le Journal des *Connaissances usuelles et pratiques* a publié aussi sur l'imitation des vins étrangers des formules qui lui ont été communiquées par un fabricant de vins factices du midi et que nous reproduisons ici fidèlement parce que, sans en garantir l'exactitude, tout semble cependant indiquer quelles sont, en partie du moins, celles mises en pratique par les fabricants du Languedoc. Quoi qu'il en soit, voici ces formules dans toute leur originalité.

VIN DE CALABRE.

Prendre du raisin muscat, ou du moût de vin blanc, le raisin doit être à parfaite maturité, on le fait fouler et on passe le moût au tamis; cette liqueur est portée sur le feu où on la laisse tout le temps nécessaire pour la faire réduire d'un tiers ou jusqu'au moment où elle pèse 20 degrés au pèse-liqueur ou gluco-œnomètre.

On retire du feu et on dépose dans des vases où la liqueur puisse refroidir promptement; après le repos, on tire clair, et on dépose le vin dans de petites barriques, et on ajoute de l'eau-de-vie de bon goût, 1 velte 3/5 (12 lit.) sur 8 veltes (60 lit.) de moût; ce mélange est brassé avec force pendant une demi-heure, et on remplit ensuite de grosses futailles pour laisser reposer quelques mois, après lesquels le soutirage s'opère et est suivi d'un collage au sang de bœuf.

Pendant qu'il est sur le feu, le moût s'écume avec soin, et ce résidu peut servir à donner un bon goût de muscat. Toute espèce de raisin sucré peut donner du Calabre; mais selon la quantité du sucre contenu dans le muscat, on le réduira plus ou moins.

100 quintaux (5000 kilog.) de raisin muscat bien mûr, doivent produire 3 muids de Calabre 3/5 (8 hectolitres) compris.

1er MALAGA.

Dans une pièce de 8 muids (22 hectol.),
- 60 veltes (447 litres), bon Picardan vieux (2e classe);
- 6 veltes (45 litres), bon muscat Frontignan;
- 6 veltes (45 litres), Calabre;
- 3 veltes 1/2 (25 litres), eau-de-vie de bon goût;
- 2 pots (2 litres), mélasse de sucre de canne de bon goût.
- 6 pots (6 litres), infusion de noix;
- 1 once 1/2 (48 grammes), café infusé au goudron.

On laisse combiner toutes ces matières pendant quelques jours, et ensuite on fouette avec une bonne colle cette pièce, et quand elle est suffisamment claire, on soutire, on conserve en fût jusqu'à l'expédition.

2° MALAGA.

Pour un muid :

    40 veltes (300 litres), bon vin blanc vieux Picardan ;
    —   muscat vieux bien sec ;
    2 veltes (15 litres). esprit 3/5 ;
    8 veltes (60 litres), Calabre ;
    9 pots (9 lit.), mélasse de sucre de canne de bonne qualité.
    3 verres à liqueur, essence de goudron.

1ᵉʳ ALICANTE.

On prend une quantité indéterminée de moût de raisin noir connu sous le nom de plant d'Espagne ; faites bouillir jusqu'à réduction pour marquer 20 dégrés, ainsi qu'il a été indiqué plus haut et avec les mêmes précautions, et sur chaque velte de ce moût, on met 1 pot 3/5 (1 lit. 60) ; sur 20 veltes (150 litres) de ce vin cuit ou ratafia, 10 veltes (75 l.) de vin de Roussillon ou de Frontignan provenant du plant d'Espagne ; le vin de Bagnouls est le plus convenable ; le mélange opéré avec soin dans le tonneau, on le place dans un endroit frais, et quand il est suffisamment clair on le soutire, et à mesure qu'il vieillit, il prend toutes les qualités qui caractérisent l'Alicante nouveau.

2ᶜ ALICANTE.

On prend, au lieu de 20 veltes ratafiat, 10 veltes vin Roussillon, Frontignan ou Bagnouls, mêlez dans un tonneau avec :

    30 veltes (225 litres) du même ratafiat raisin noir ;
    60 veltes (450 litres) du Roussillon ou Frontignan ;
    8 veltes (60 litres) de 3/5 eau-de-vie ;
    1 velte 1/2 (10 litres) eau de noix ;
    1/2 (3,7 litres) mélasse ;
    1/2 (3,7 litres) infusion vineuse de calamant ;
    2 onces (65 grammes) café goudronné.

Ce mélange est celui qui se rapproche le mieux de l'Alicante vrai.

ALICANTE.

30 veltes (372 litres) muscat vin blanc ;
— vin rouge Roussillon ;
16 pots (16 litres) mélasse bonne qualité ;
8 pots (8 litres) sirop de miel brûlé ;
8 pots (8 litres) eau-de-vie.

On mêle le tout, on laisse reposer pour donner le temps aux liqueurs de se fondre les unes dans les autres.

ALICANTE.

50 quintaux (2500 kilog.) raisin plant d'Espagne, dont on fait bouillir la moitié pendant deux heures ; après l'avoir égrappé deux heures, l'autre moitié s'égrappe également, et, après que la partie bouillie est refroidie, on mélange le moût naturel avec le premier dans une cuve, et on laisse fermenter le tout à l'ordinaire ; au même instant on y ajoute 7 veltes 3/5 (55 litres), et après le décuvage, on colle le vin, et s'il n'est pas assez liquoreux, on y ajoute 5 à 6 veltes (38 à 45 litres) de vin rouge cuit.

MADÈRE.

Sur une pièce de 80 veltes (600 litres) :
2 veltes 4 pots (16 litres), infusion de coques d'amandes ;
3 pots (3 litres), infusion de noix ;
1 pot 1/2 (1,5 litres) mélasse ;
1 verre à liqueur d'infusion de goudron ;
2 veltes 4 pots (16 litres), vin de Tavel ;
5 veltes (38 litres) bonne eau-de-vie vieille ;
Et emplir avec du bon vin blanc, sec, vieux.

Ce vin ne se fait presque jamais du premier coup.

Il convient à la parfaite combinaison de toutes ces matières de faire 3 fouettages, pendant lesquels on introduit graduellement les infusions ci-dessus.

CHYPRE.

Dans un grand tonneau :
5 livres (2 kil. 5) cassonnade blanche ;

5 veltes (37 litres), ratafia muscat vieux;
10 veltes (75 litres), vin blanc, sec, vieux;
4 pots (4 litres), esprit 3/5;
2 veltes (10 litres), vin rouge du Rhône;
1/2 topette (0 lit. 20), élixir de noix;
1/2 pot (1/2 litre), infusion de girofle.

Il faut rouler ce tonneau pour opérer la dissolution; on mêle dans la liqueur autant de mélasse qu'il est nécessaire pour rendre la couleur semblable à celle du Malaga; on bonde bien le tonneau, au bout de deux ou trois mois on soutire; s'il n'est pas clair on le colle deux et même trois fois.

ROTA.

15 veltes (10 litres) du plus gros vin rouge de Roussillon.
2 kil. cassonnade blanche;
2 veltes (10 lit.), Calabre muscat vieux;
1 velte (7 litres), ratafia de cerise noire;
1/2 topette (0 lit. 20), eau de noix.

La liqueur étant bien claire, on la verse dans une autre pièce que l'on doit tenir bouchée, et toujours pleine, dans un lieu frais.

MALVOISIE.

Dans une pièce de 70 veltes (520 litres):
8 veltes (60 litres) de Calabre;
— moût de muscat blanc;
2 veltes 1/2 3/5 (25 litres);
1 pot 1/2 (1,5 litre) eau de noix;
— mélasse;
1 pot (1 litre), infusion spirituelle, café grillé;
1/2 pot (0,5 litre), infusion de girofle.

On fait le mélange en roulant le tonneau; ensuite on y verse 50 veltes (372 litres) bon vin blanc Picardan fin; on le laisse en repos jusqu'à ce que la liqueur soit bien claire, après on le soutire et on le tient dans un lieu bien bouché.

MALVOISIE ARTIFICIEL.

1 dragme (4 grammes) galanga ;
1 — girofle ;
1 — gingembre.

Le tout concassé grossièrement, infusé vingt-quatre heures à l'eau dans un vaisseau couvert : ces drogues sont placées dans un linge propre.

Suspendez deux jours au moins dans un tonneau de 17 hectol. de bon vin Picardan doux.

MALVOISIE AVEC PICARDAN DOUX.

Mettez, dans un demi-muid (17 hect.) de bon vin Picardan nouveau,

1 velte (7·45 litres), ratafia de muscat ;
1 velte 3/5 (10 litres) girofle ;
1 pot 1/2 (1/5 litre) eau-de-vie.

Quantité suffisante de mélasse pour donner la couleur rousse du vieux Malvoisie ; on bouche le tonneau avec soin, après l'avoir agité en tous sens, on le place dans un lieu frais jusqu'à ce que la liqueur soit arrivée claire, ce qui arrive après deux ou trois mois.

SAINT-PERRAY.

On enferme dans un long sachet de toile :
750 grammes, feuilles multipliantes (1) ;
6 grammes de racines d'iris de Florence pulvérisé ; on le suspend dans un tonneau de 30 m. Picardan sec et sans arôme ; après en avoir retiré quelques pots, on le fait rouler de temps en temps ; deux ou trois jours après on y verse 750 grammes eau ardente d'angélique et 4 pots eau-de-vie preuve de Hollande, on roule de nouveau le tonneau, on le laisse reposer trois mois, après on le soutire.

VIN MUSCAT AVEC PICARDAN.

Sur un tonneau de 30 veltes (225 litres) Picardan doux nouveau, sans être fouetté, on en tire quelques pots pour y introduire un long sachet de toile.

---

(1) Nous ignorons quelle est la substance qu'on désigne ici sous le nom de feuilles multipliantes.

E.

125 grammes fleurs de sureau séchées au soleil;
125 grammes graine de coriandre nouvelle concassée.

On laisse infuser de huit à dix jours au moins, en roulant pendant cet intervalle plusieurs fois le tonneau; après ce temps, on retire le sachet, et on ajoute au vin 4 pots de bonne eau-de-vie et 1/2 pot d'eau ardente d'angélique. Si le vin n'a pas assez de liqueur, on peut y joindre du calabre en quantité suffisante; le tonneau est tenu dans un endroit frais.

LEAUDUN.

Dans un tonneau de 75 litres, bon picardan fin,
    2 veltes (15 litres) calabre;
    1 pot (1 litres) bonne eau-de-vie;
    94 grammes iris de Florence.

On mêle le tout; après que le vin est reposé, on le soutire.

XÉRÈS.

Pour une pièce de 30 veltes (225 litres),
    5 veltes (37 lit.), malaga bien vieux.
    5 — (37 lit.), alicante —
    3 — (22 lit.), bonne eau-de-vie vieille,
    17 — (125 lit.), bon picardan vieux très sec.

Fouettez et soutirez quand il est clair.

BÉNICARLOS.

Dans un tonneau,
    9 kil. raisin sec réduit en pâte;
    4 kil. 500 grammes miel blanc;
    150 pots vin rouge coloré.

On roule le tonneau en tous sens; on le laisse en repos jusqu'à ce qu'il soit clair, et on soutire.

AUTRE MANIÈRE.

    9 kil. de figues sèches réduites en pâte;
    4 kil. 500 grammes miel blanc;
    281 grammes rafles de raisin séché;
    150 pots vin rouge coloré.

On roule le tonneau, on laisse deux fois 24 heures; après, on soutire s'il est clair.

ROUSSILLON BAGNOULS.

9 kil. figues grasses en pâte ;
4 kil. 500 grammes beau miel blanc ;
1 kil. roses sèches de Provins ;
150 pots bon vin rouge de Frontignan.

VIN BLANC DE CORSE.

Partie égale de raisin noir et de raisin picardan, recueilli en pleine maturité et à l'ardeur du soleil. On les écrase ensemble, après en avoir tiré les rafles ; on les exprime de suite en les soumettant à la presse, et le moût que l'on en tire doit être réduit de moitié par la cuisson ; on le laisse refroidir, et ensuite on le met dans un tonneau, jusqu'à ce qu'il cesse de lui-même sa fermentation, ce qui arrive dans 50 ou 60 jours ; ensuite on bonde le tonneau, qui doit être presque plein ; on le place dans un lieu qui ne soit pas trop frais. Deux ou trois jours après, une nouvelle fermentation s'établit ; on le laisse dans cet état, mais sans bonder le tonneau, et on le place dans un endroit froid. On le laisse deux ou trois mois ; au bout de ce temps, le vin devient clair, et on le soutire.

CLAIRETTE DE LIMOUX.

Dans un tonneau de 30 muids (75 litres) bon vin blanc picardan.

94 grammes teinture d'iris de Florence ;
— eau ardente de noyaux de pêche.

On bouche bien le tonneau ; on le soutire quand il est clair.

AUTRE MANIÈRE.

Dans un 1/2 muid (1,3 hect.) aux 3/4 bon vin blanc picardan,

2 pots eau-de-vie ;
141 grammes teinture d'iris de Florence.

Remplissez le tonneau avec le même vin, après l'avoir bien agité.

POUR IMITER LE VIN ROUGE VIEUX AVEC DU NOUVEAU.

Mettez dans un 1/2 muid (1,3 hect.) de vin rouge nouveau aux 2/3, 1 kil. alun en poudre fine ; agitez bien le tonneau jusqu'à ce que l'alun soit dissous ; ajoutez à ce vin alumineux 1 kil. craie blanche d'Espagne, agitez le tonneau pendant quelques minutes, répétez l'agitation pendant trois jours, les deux sels employés se décomposent, l'acide sulfurique de l'alun s'unit à la chaux de la craie avec une effervescence vive ; il se précipite un sel insoluble, qui tombe peu à peu avec l'alumine au fond du tonneau. On laisse reposer le vin, puis on le soutire dans un autre tonneau, et le vin réunit toutes les qualités d'un vin de plusieurs années. Il se conserve sans altération, et perd la plus grande partie de sa couleur.

EAU DE NOIX.

Sur 15 veltes 5/6 (112 litres),
90 douzaines noix vertes concassées ;
125 grammes girofle ;
10 noix muscades.

COQUE D'AMANDE DURE.

Défoncez un tonneau quelconque, versez-y des coques d'amande torréfiées jusqu'au bas de la bonde, foncez le tonneau, et remplissez-le de bonne eau-de-vie vieille. On peut quelquefois mitiger ce mélange avec du bon vin blanc sec.

CALAMANT.

(*Calamus aromaticus.*)

Remplissez un tonneau d'herbes de calamant coupées par morceaux, sans trop les presser, foncez le tonneau, et remplissez-le d'eau-de-vie.

FRAMBOISE.

La moitié d'un tonneau de ce fruit, et remplir d'eau-de-vie.

TABLEAU *de la quantité d'Esprit contenue dans diverses qualités de vins.*

	Pour cent en volume.	
Vin de raisins anglais............................	18.	11
— de groseilles à maquereau..................	11.	84
— de groseilles à grappes......................	20.	55
— Tokay...	9.	88
— de baies de sureau...........................	9.	87
— de Lissa...	26.	47
— *idem*...	24.	35
Moyenne...........................	25.	41
— de raisins secs.................................	26.	40
— *idem*...	26.	77
— *idem*...	23.	30
Moyenne...........................	25.	12
— Marsala...	26.	03
— *idem*...	25.	05
Moyenne...........................	25.	09
— Madère...	24.	42
— *idem*...	23.	93
— *idem* (Sercial)..............................	21.	40
— *idem*...	19.	24
Moyenne...........................	22.	27
— d'Oporto...	25.	83
— *idem*...	24.	29
— *idem*...	23.	71
— *idem*...	23.	39
— d'Oporto...	22.	30
— *idem*...	21.	40
— *idem*...	19.	96
Moyenne...........................	22.	96
— d'Andalousie (Xerès)........................	19.	81
— *idem*...	19.	83
— *idem*...	18.	79
— *idem*...	18.	25
Moyenne...........................	19.	17
— de Ténériffe....................................	19.	79
— de Colarès......................................	19.	75
— Lacryma-Christi...............................	19.	70

— Constance (blanc)	19.	75
— idem (rouge)	18.	92
— Lisbonne	18.	94
— Malaga (1666)	18.	94
— Bucellas	18.	49
— Madère (rouge)	22.	30
— idem	18.	40
Moyenne	20.	35
— Muscat du Cap	18.	25
— du Cap (Madère)	22.	94
— idem idem	20.	50
— idem	18.	11
Moyenne	20.	51
— Carcavello	19.	20
— idem	18.	10
Moyenne	18.	65
— de Vidonia	19.	25
— Alba-Flora	17.	26
— Malaga	17.	26
— Hermitage (blanc)	17.	43
— Roussillon	19.	00
— idem	17.	20
Moyenne	18.	13
— Claret ou vin de Bordeaux	17.	11
— idem	16.	32
— idem	14.	08
— idem	12.	91
Moyenne	15.	10
— Malvoisie (Madère)	16.	40
— Lunel	15.	52
— Chiras	15.	52
— Syracuse	15.	28
— Sauterne	14.	22
— Bourgogne	16.	60
— idem	15.	22
— idem	14.	53
— idem	11.	95
Moyenne	14.	57
— Hock (vin du Rhin)	14.	37
— idem	13.	00

— *idem* (vieux, en tonneaux)	8.	68
Moyenne	12.	08
— Nice	14.	62
— Barsac	13.	86
— Tinto	13.	30
— Champagne	13.	80
— *idem* (mousseux)	12.	80
— *idem* (rouge)	12.	56
— *idem* *idem*	11.	30
Moyenne	12.	61
— Hermitage (rouge)	12.	32
— Grave	13.	94
— *idem*	12.	80
Moyenne	13.	37
— Frontignan	12.	79
— Côte rôtie	12.	32
— Orange. Moyenne	11.	26
Cidre, le plus spiritueux	9.	87
Idem, le moins spiritueux	3.	21
Poiré	7.	26
Hydromel	7.	32
Eau-de-vie	53.	39
Rhum	53.	68
Genièvre (Gin)	51.	60
Eau-de-vie de grains (Whiskey d'Ecosse)	54.	32
Idem, d'Irlande	53.	90

VOCABULAIRE

DES TERMES TECHNIQUES UTILES A CONNAITRE DANS LA FABRICATION DES BOISSONS ÉCONOMIQUES.

Acétate de plomb. — Combinaison de l'acide acétique avec l'oxide de plomb. On l'obtient en mettant de la litharge dans du vinaigre, en aidant la dissolution par la chaleur et en faisant cristalliser par le refroidissement. Ce sel est blanc; il est connu dans le commerce sous le nom de *sel de Saturne*, et il reçoit aussi quelquefois les noms de sucre de plomb et sucre de Saturne : il faut éviter d'en introduire dans les boissons parce que c'est un poison dangereux.

Acide. On donne ce nom à des substances qui ont le goût aigre, rougissent la teinture de tournesol et celle de chou rouge, dissolvent les métaux à l'état d'oxides, et neutralisent les alkalis, c'est-à-dire modifient leurs propriétés. Ils se divisent en acides minéraux, végétaux et animaux, suivant qu'ils sont tirés de l'un ou l'autre de ces trois règnes.

Acide acétique. — Acide végétal qui ne diffère du vinaigre qu'en ce que celui-ci contient quelques matières extractives dont il est débarrassé par la distillation. On le fait avec du vin qu'on fait fermenter au-delà de la fermentation vineuse, c'est ce qu'on nomme fermentation acéteuse ou acétique : obtenu par ce moyen, il s'appelle vinaigre. On l'obtient aussi du bois, en le distillant en vases clos. Dans ce cas, on le nomme acide pyroligneux ou vinaigre de bois. Mais, quel que soit le procédé à l'aide duquel on l'obtient, il devient identique par la distillation et la purification. Il est composé, comme tous les acides végétaux, de carbone, oxigène et hydrogène.

Acide carbonique. — Cet acide qui portait autrefois le nom d'air fixe, résulte de la combinaison de l'oxygène avec le carbone. Il s'en produit abondamment dans la fermentation vineuse, qui s'échappe sous la forme de bulle d'air. Il est également produit dans la combustion du charbon et par l'immersion de la craie ou du marbre dans un acide minéral.

Acide malique. — Cet acide principalement contenu dans les pommes, est contenu aussi en plus ou moins grande quantité dans presque tous les fruits.

Acide sulfureux. — Acide minéral résultant de la combinaison du soufre avec l'oxigène. Il se forme par la combustion du soufre à l'air, et c'est lui qui cause cette odeur suffocante qu'on sent lorsqu'on brûle du soufre.

Acide sulfurique. — Cet acide ne diffère du précédent qu'en ce qu'il contient une fois et demie autant d'oxigène. On l'obtient en brûlant ensemble, dans une chambre de plomb dont le sol est couvert d'eau, du soufre contenant treize pour cent de salpêtre. L'acide qui se forme se dissout dans l'eau et se purifie par la distillation.

Acide tartrique. — Acide végétal contenant une fois et demie environ autant d'oxigène que l'acide acétique. Il est principalement contenu dans le jus de raisin à l'état de tartrate de potasse.

Affranchissement. — C'est débarrasser les vaisseaux vinaires ou autres, par le moyen du soufre qu'on y brûle, ou autre matière du goût de chanci, ou de l'odeur qu'ils contractent souvent après qu'on y a mis fermenter des liquides ou qu'on les a abandonnés à eux mêmes à l'état humide.

Albâtre calcaire. — Pierre composée, comme les marbres, de chaux et d'acide carbonique; mais qui s'en distingue par son moins de dureté et sa transparence. On en fait des vases et des statues. Il est, en général, de couleur blanche.

Albâtre gypseux. — Espèce de gypse ou pierre à plâtre plus dure et plus transparente que la pierre à plâtre ordinaire. Il est d'ailleurs composé, comme elle, de chaux et d'acide sulfurique. Il est, en général, blanc, mais quelquefois teinté de rose ou veiné de jaune, gris ou violet. On peut se servir de l'albâtre pour saturer un excès d'acide dans les moûts.

Alcool. — Liquide produit par la fermentation dans les

matières végétales qui en sont susceptibles. En distillant du vin, de la bière, du cidre ou autres liqueurs fermentées, on obtient de l'eau-de-vie ; et, en distillant de l'eau-de-vie, on obtient de l'alcool. C'est la partie essentielle de toute espèce de vin : c'est ce qui en fait la force et le rend généreux.

Alcoomètre. — Instrument pour mesurer le degré de spirituosité des liqueurs alcooliques.

Aréomètre. — Appareil qui sert à mesurer la densité des liquides. On en connaît de plusieurs sortes, et basés sur des principes différents. On en fait usage pour constater la richesse en sucre des moûts et le degré de spirituosité des alcools.

Bain-marie. — Bain d'eau chaude ou bouillante, dans lequel on introduit un autre vase, pour chauffer le liquide qu'il renferme.

Chausse — Toile en feutre taillé, en forme de capuchon qui sert à filtrer les liquides.

Concentration. — Opération pour enlever une portion fluide à un corps liquide, en partie ou en totalité, et le réduire à l'état solide.

Cornue. — Vase en verre, en terre, en métal, auquel on ajoute des rallonges et un récipient pour distiller les moûts fermentés, et en extraire de l'eau-de-vie.

Cristallisation. — Opération par laquelle les parties intégrantes d'un corps séparées les unes les autres, par l'interposition d'un fluide, sont déterminées à se réunir et à se grouper en masses solides, d'une forme et d'une composition constantes et régulières.

Décanter. — On appelle décanter un liquide, le transvaser après l'avoir fait reposer, de manière à ne pas y mêler de nouveau le dépôt qui s'est formé au fond. Le soutirage est une vraie décantation.

Décoction. — Cuisson de certaines substances, qu'on

fait bouillir dans de l'eau ; du vin etc., pour les ramollir et en extraire ensuite certains principes.

Digestion. — Opération chimique qui consiste à exposer un corps avec un autre approprié, et qui est destiné à agir sur lui, à une température modérée et pendant un certain temps, pour favoriser et hâter cette action.

Effervescence. — Mouvement intestin excité par certains corps, lorsqu'on les mélange ensemble, et donnant lieu à un abondant dégagement de gaz. Il ne faut pas confondre l'effervescence avec la fermentation.

Evaporation. — Opération par laquelle on chasse l'humidité superflue contenue dans un liquide, une matière etc.

Fèces. — Sédiment ou dépôt qui se forme et se dépose dans les liqueurs qui ont éprouvé une fermentation acide.

Ferment. — Le ferment est une substance qui se sépare, sous forme de flocons plus ou moins visqueux, de tous les fruits qui éprouvent la fermentation vineuse. C'est en faisant la bière qu'on se le procure ordinairement ; c'est pourquoi on le connaît sous le nom de *levure* de bière. Des hommes appelés levuriers le vendent à Paris, sous forme d'une pâte d'un blanc grisâtre, ferme et cassante.

Fermentation. — Mouvement intestin qui se manifeste dans les liquides contenant certaines substances en dissolution, et entre autres dans les moûts sucrés, et dont le résultat est une formation d'alcool et un dégagement d'acide carbonique.

Filtre. — Tissu serré en toile, en papier, en feutre ou en drap, sur lequel on jette les liqueurs dont on veut séparer certains corps, qui n'y sont suspendus que mécaniquement. Ces corps restent sur le filtre tandis que le liquide passe au travers.

Gaz sulfureux. — Voyez acide sulfureux.

Gluten. — Le gluten est une substance d'un blanc grisâtre, molle, collante et très-élastique. On l'obtient en pétrissant une poignée de farine de froment sous un petit filet d'eau, jusqu'à ce que l'eau en sorte claire. Si on versait trop d'eau à la fois, il ne resterait rien dans la main. La nature du gluten le rapproche des matières animales.

Hydrogène. — C'est une substance gazeuse très-légère, connue autrefois sous le nom l'air inflammable. Combiné avec l'oxigène, il forme l'eau, et, combiné en diverses proportions avec l'oxigène et le carbone (ou charbon), il constitue presque toutes les matières végétales. On l'extrait de l'eau par le moyen du fer et de l'acide sulfurique pour gonfler les ballons.

Infusion. — C'est la dissolution d'un suc, d'une odeur ou d'une saveur qu'on obtient par de l'eau bouillante versée sur la substance, et dans laquelle on l'abandonne pendant quelque temps.

Levure. — Voyez ferment.

Lut. — Substance tenace et ductile, qui devient solide en se desséchant, et qui appliquée sur les jointures des vaisseaux, s'oppose à l'introduction de l'air, ou à la dissipation des liquides ou matières qu'ils renferment.

Macération. — Opération par laquelle on fait digérer à froid, un corps dans un liquide, pour y apporter des modifications ou le rendre plus apte à certaines opérations qu'on veut exercer sur lui.

Matière extractive. — Nom vague donné au résidu que l'on obtient en évaporant jusqu'à consistance de miel ou jusqu'à siccité le suc, les infusions ou les décoctions de végétaux.

Mèches soufrées. — Mèches imprégnées de soufre, qu'on fait brûler à l'intérieur des vaisseaux vinaires, pour les affranchir ou muter les liquides qu'ils renferment.

Mutisme. — Opération pour arrêter la fermentation des moûts, au moyen de l'acide sulfureux ou du sulfite de chaux.

OEnomètre. — Petit instrument pour constater la densité des moûts fermentescibles.

Oxide. — Résultat de la combinaison d'un métal avec l'oxigène. Par exemple, si l'on fait chauffer du plomb à l'air libre, il s'y formera une pellicule qui se renouvellera si on l'écarte sur les bords, et on pourra ainsi convertir une grande partie du plomb en oxide de plomb qui par sa nature est jaune ou rouge, suivant le degré d'oxidation; mais qui devient blanc par son union avec l'acide carbonique.

Oxigène. — On donne ce nom à la partie de l'air qui est seule respirable et susceptible d'entretenir la combustion. L'oxigène, en se combinant aux métaux, les transforme en matières terreuses nommées *oxides*. Il forme de l'eau par sa combinaison avec l'hydrogène, et entre dans la composition de presque toutes les matières végétales.

Potasse. — Cette substance connue aussi dans le commerce sous le nom de cendres gravelées, est un alkali extrait des cendres de végétaux par la lixiviation, ou du tartre par la calcination.

Précipité. — Nom que l'on donne aux corps insolubles qui tombent au fond d'un liquide résultant du mélange de deux autres liquides, qui, chacun en particulier, n'auraient rien laissé déposer. Par exemple, si on mêle deux dissolutions parfaitement claires, l'une de gélatine, l'autre de tannin, il se précipitera lentement un corps insoluble qui est une combinaison de gélatine et de tannin.

Putréfaction. — Mouvement spontané ou excité de décomposition qu'éprouvent la plupart des matières animales et végétales, privées de vie et abandonnées à elles-mêmes.

Réactif. — C'est un corps à l'aide duquel on produit une modification dans un autre corps, ou qui sert à opérer l'élimination d'une substance qui était étroitement combinée avec une autre.

Sels. — On appelle en général sels, en chimie, des

composés formés par un acide et une base salifiable, alcaline, terreuse ou métallique. Il existe un très grand nombre de sels, et quelquefois un même acide forme plusieurs sels avec une même base.

Sophistication. — Substitution d'une matière à bas prix à une autre d'une valeur plus élevée.

Soufre. — Corps simple en chimie, et dont on fait usage pour l'affranchissement des vaisseaux vinaires et pour muter les vins.

Sulfate de chaux. — Combinaison d'acide sulfurique et de chaux. Voyez albâtre gypseux.

Sulfate de cuivre. — Ce sel est de couleur bleue ; il est le résultat de la combinaison du cuivre, à l'état d'oxide, avec l'acide sulfurique ; il est connu dans le commerce sous les noms de couperose, vitriol bleu, vitriol de Chypre, vitriol de cuivre.

Sulfite de chaux. — Ce sel, absolument insoluble, est le résultat de la combinaison de l'acide sulfureux avec la chaux. Il peut s'obtenir soit en faisant passer du gaz sulfureux au travers de lait de chaux, soit en mêlant du sulfite de potasse avec du nitrate de chaux ; il se précipitera du sulfite de chaux ; on s'en sert pour muter les moûts.

Tannin. — C'est un corps astringent, soluble dans l'eau et qui précipite la gélatine et l'albumine ; mais sa nature n'est pas bien connue. On le trouve dans la noix de galle, le thé et la plupart des écorces des fruits. La manière la plus simple de s'en procurer une dissolution, est de faire infuser dans l'eau, de la noix de galle ou de l'écorce de chêne.

Tartrate de potasse ou crème de tartre. — Ce sel ne se rencontre pas dans la nature à l'état neutre, c'est-à-dire sans propriétés acides ni alkalines. Il est le résultat de la combinaison de la potasse et de l'acide tartarique ; mais celui-ci domine toujours, de sorte que le sel conserve les propriétés acides. Il n'existe en quantité notable dans nos climats que dans le raisin ; il se dépose avec une petite quantité de lie et de tartrate de chaux sur les parois des tonneaux où l'on conserve le vin. Dans cet état, il porte le nom de *tartre brut*. Pour le purifier, on le dissout dans l'eau chaude, on le décolore avec de l'argile ou du charbon animal, et il cristallise par le refroidissement.

Tartre brut. — Voyez tartrate de potasse.

Teinture de choux. — L'espèce de chou la plus propre à obtenir cette teinture, est le chou rouge. En pilant les feuilles de chou et les soumettant ensuite à la pression, on obtient une teinture bleuâtre. Elle sert à reconnaître si un liquide est acide. Lorsqu'on met quelque peu de la liqueur à éprouver dans la teinture de choux rouges, ne contiendrait-elle qu'un millième d'acide, la teinture tournera sensiblement au rouge.

Trituration. — C'est l'action de broyer et réduire en particules très petites des substances molles, dures ou compactes.

Visqueux. — Corps fluide, dont les particules sont adhérentes entre elles, au point qu'on ne les sépare qu'avec difficulté.

Volatil. — Se dit des matières qui se dissipent dans l'air à la température de l'atmosphère ou par l'application de la chaleur.

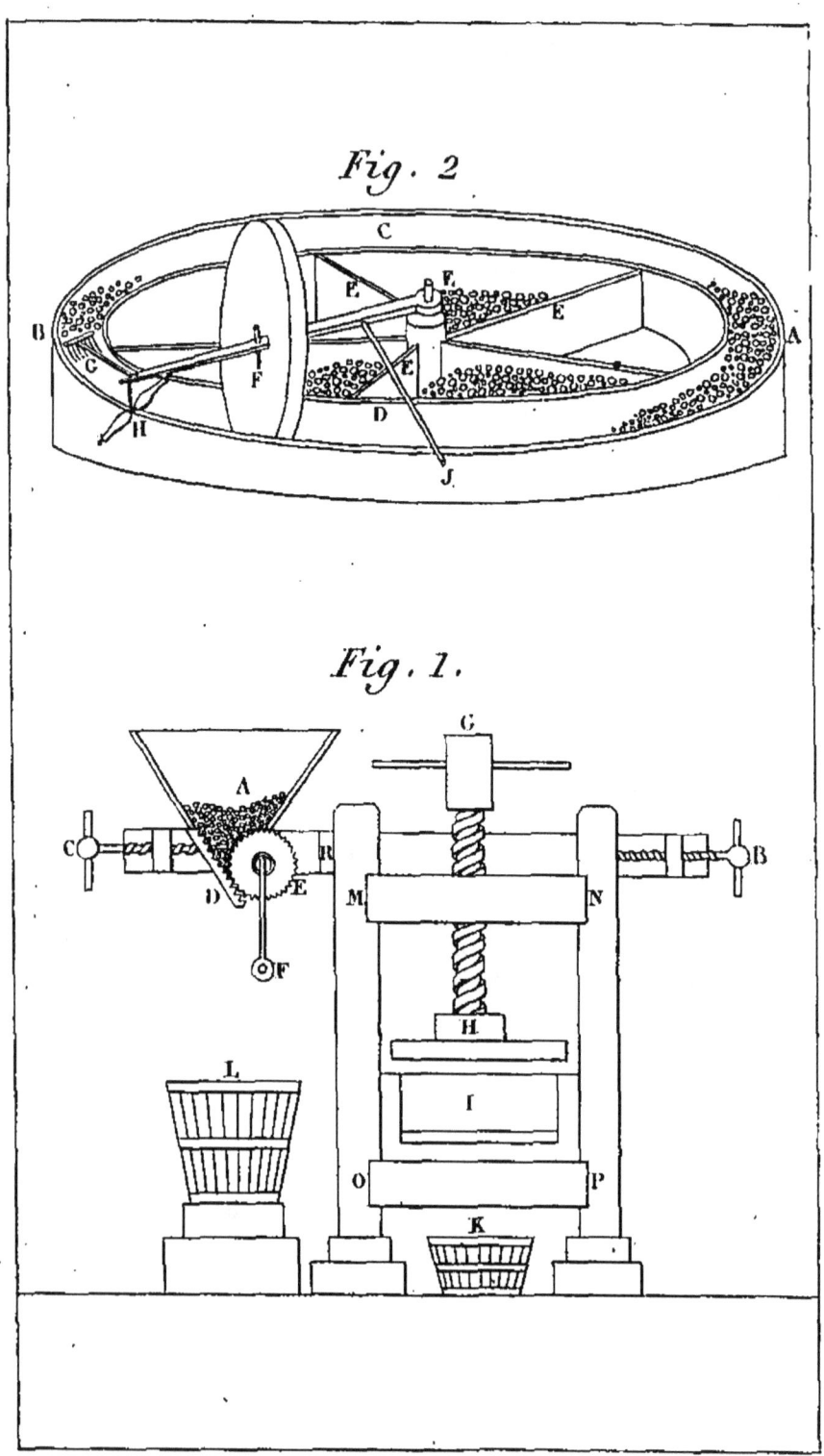

Imp. Roret, r. Hautefeuille 12.

EXPLICATION DE LA PLANCHE.

FIGURE PREMIÈRE.

M O, N P jumelles de la presse.

M N sommier supérieur portant l'écrou dans lequel doit passer la vis G H.

O P sommier inférieur portant l'auge I, dans laquelle on met la pulpe à presser.

K vase destiné à recevoir la liqueur qui s'écoule du pressoir.

B C traverse qui sert à fixer le moulin A E sur la presse, par le moyen de la vis B et du tasseau R.

A espèce d'entonnoir propre à recevoir le fruit à écraser et à le laisser tomber entre le plan cannelé D et le cylindre E, auquel on donne un mouvement de rotation par le moyen de la manivelle F.

C vis destinée à approcher plus ou moins le plan cannelé D du cylindre E.

L vase pour recevoir la pulpe broyée qui tombe du moulin A D E.

FIGURE DEUXIÈME.

A B C D auge circulaire de la meule.

E E E E cases ou séparations pour mettre les différentes espèces de fruits avant le pressurage.

F la meule.

G râteau pour rabattre le fruit dans l'auge.

H palonnier pour atteler le cheval.

J conducteur du cheval.

FIN.

TABLE DES MATIÈRES

	Pages.
Préface.	5

LIVRE PREMIER.

Chapitre Ier. — Esquisse historique de l'art de faire le vin. ... 9
Chapitre II. — Des substances qui entrent dans la composition du vin et de ses diverses espèces. ... 13
Chapitre III. — Caractères distinctifs des vins factices. ... 17
Chapitre IV. — Principes généraux de l'art de faire le vin. ... *Ibid.*

LIVRE DEUXIÈME.

Des substances qui peuvent entrer dans la composition des boissons économiques. ... 35

LIVRE TROISIÈME.

Chapitre Ier. — Des fruits les plus propres à faire du vin. ... 116
Chapitre II. — Des vins de fruits. ... 119
Chapitre III. — Des différents vins de fruits seuls. 123
Chapitre IV. — Des vins de fruits additionnés d'eau-de-vie. ... 139
Chapitre V. — Des vins de fruits de liqueur, cuits ou non cuits. ... 146
Chapitre VI. — Des boissons de fruits rafraîchissantes et non fermentées ou eaux de fruits. ... 152
Chapitre VII. — Boissons diverses. ... 160

LIVRE TROISIÈME.

Chapitre Ier. — Du cidre. 168
Chapitre II. — Du poiré. 172

LIVRE QUATRIÈME.

Chapitre Ier. — Des bières économiques et de ménage. 173
Chapitre II. — Vins de grains. 186
Chapitre III. — Recettes diverses de boissons et de bières économiques. 189

LIVRE CINQUIÈME.

Des hydromels. 197

LIVRE SIXIÈME.

Chapitre Ier. — De l'imitation des vins et liqueurs. 201
Chapitre II. — Des arômes. 203
Chapitre III. — Formules de quelques vins de liqueur d'imitation. 205
Tableau de la quantité d'esprit contenue dans diverses qualités de vins. 220
Vocabulaire des termes techniques utiles à connaître dans la fabrication des boissons économiques. . 223
Explication de la planche. 231
Table des matières. 233

www.ingramcontent.com/pod-product-compliance
Lightning Source LLC
Chambersburg PA
CBHW051858160426
43198CB00012B/1663